KB247198

창의성,
네 머리를 깨워라!

2

창의성, 네 머리를 깨워라! ②

2007년 5월 17일 초판 1쇄 펴냄
2011년 11월 25일 초판 3쇄 펴냄

펴낸곳 | 도서출판 산소리
지은이 | 박범익
펴낸이 | 홍승권
디자인 | Design Didot
기획 | 유성룡

신고 | 2004년 11월 17일 제313-2004-00263호
주소 | 121-837 서울 마포구 서교동 339-4 가나빌딩 4층(서울시 마포구 와우산로 27길 23)
전화번호 | 02-322-1845
팩스번호 | 02-322-1846
E-Mail | sansoribooks@naver.com

제판 | 문형사
인쇄 | 대정인쇄
제책 | 쌍용제책

ⓒ 박범익 2007

ISBN 978-89-958605-4-0
　　　978-89-958605-5-7(세트)

값 9,000원

창의성, 네 머리를 깨워라!

2

창의성 트레이닝 실전편

박범익 (EBS 교육방송 / 창의력올림피아드연구회 회장) 지음

산소리

과거에는 자본과 군사력이 세계를 지배하였으나 앞으로는 지식과 첨단기술이 세계를 움직이는 힘이 될 것이다. 지금 세계 모든 나라는 지식정보화 사회의 원동력이 되는 창의성 있는 인재를 기르는 데 심혈을 기울이고 있다. 우리나라에서도 창의성은 입시 제도나 기업 사원 채용 등에서 중요한 판단 기준이 된다. 누구나 그 중요성은 알지만 과연 창의성이란 무엇이며 어떻게 배양될 수 있는지에 관해서는 정리된 바가 없다.

창의성이란 전혀 상관없어 보이는 것들을 연결해 새로운 개념이나 가치를 만들어 내는 능력이다. 창의성을 지닌 사람들은 사물이나 사태를 통합해서 볼 수 있다. 그래서 보통 사람들이 보기에는 아무것도 아닌 것을 색다른 관점과 각도에서 접근하여 새로운 지식이나 개념으로 발전시킨다. 창의성을 발휘하기 위해서는 용기, 도전, 불굴의 의지, 서로 다른 것들을 조합하는 사고 능력, 유머, 순간적 번뜩임 등의 내적 요소가 필요하다. 이는 특별한 사람만 가진 능력이 아니다. 누구에게나 잠재되어 있는 요소인 것이다. 밥 먹기, 옷 갈아입기, 이빨 닦기 등 생활에 필요한 행동들에 관해 우리는 모두 숙련된 기술자이지만 그것을 특별한 기술이라 생각하는 사람은 없을 것이다.

창의성도 우리가 접하는 일상생활 속에서 일깨워지고 발휘될 수 있다. 작은 사물이나 사소한 사건도 그냥 지나치지 않고 그 안에서 뭔가 새로운 것을 발견하려는 노력, 편견을 깨고 달리 생각해 보려는 시도에 의해 창의적 두뇌는 점점 개발된다. 운동을 통해 원하는 근육을 발달시킬 수 있듯이 끊임없는 두뇌훈련을 통해 창의적 사고 능력을 키울 수 있는 것이다.

『창의성, 네 머리를 깨워라!』 1, 2권은 창의성에 관한 기초 지식과 더불어 창의성 개발에 도움이 되는 여러 유형의 문제를 실었다. 이 책에 실린 창의성 문제는 정답을 맞히는 것보다는 답을 도출하기까지 스스로 여러 가지 궁리를 해 보는 과정이 중요하다.

『창의성, 네 머리를 깨워라!』 2권 '창의성 트레이닝 실전편'은 『창의성, 네 머리를 깨워라!』 1권 '창의성 트레이닝 기본편'에서 설명한 창의성 훈련 방법과 제시된 문제 유형을 토대로 한층 더 심화된 문제를 실었다. 이 책은 모두 3장으로 구성되어 있다.

제1장 '창의적 소양개발'을 위한 창의성 문제에서는 도형 속에 숨겨진 창의성 문제, 숫자 속에 포함된 창의성 문제, 그림 속에 감춰진 창의성 문제 등을 유형별로 소개함으로써 사고를 다각화하는 데 도움을 주고자 했다.

제2장 과학 문제 해결력 검사 문제에서는 과학적 원리를 활용한 창의성 문제, 과학적 지식을 적용한 창의성 문제, 과학적 추리가 필요한 창의성 문제 등을 풍부하게 수록함으로써 과학적 탐구 방법을 이해할 수 있도록 하였다.

제3장 수학 문제 해결력 검사 문제에서는 수학적 원리를 활용한 문제, 수학적 지식을 적용한 창의성 문제, 수학적 논리가 필요한 창의성 문제 등을 수록함으로써 독자들이 자칫 어렵게 느껴질 수 있는 수학 퍼즐을 재미있게 풀어 볼 수 있도록 구성했다.

이 책에 나온 문제를 풀 때 특히 유의할 점은 처음부터 정답이나 해설을 보아서는 안 된다는 점이다. 밥이 되기 전에 뚜껑을 열면 밥이 설익는다. 아무쪼록 이 책이 창의적 사고 능력이 한층 더 업그레이드하는 데 도움이 될 수 있기를 기대한다.

2007년 4월, EBS 집무실에서
박범익

차 례

1장

'창의적 소양 개발'을 위한 창의성 문제

창의적인 사고 기능에는 유창성, 융통성, 독창성, 정교성, 민감성 등이 있는데 이러한 기능들이 균형 있게 개발되어야 창의적인 능력을 발휘할 수 있다.

도형이나 그림, 숫자의 연계성을 찾는 논리력 훈련은 창의적으로 생각하는 데 필요한 기능 중 민감성, 정교성과 관계가 깊다. 정교성이란 어떤 주제에 대한 생각이나 아이디어를 가다듬어 실질적인 방법으로 구체화하는 사고 기능을 뜻한다. 다시 말해 처음 떠오른 단순한 아이디어를 좀더 보완하고 개선하여 훌륭한 아이디어로 발전시키는 능력이다.

민감성이란 일상생활에서 접할 수 있는 문제나 주위 환경에 대해서 세심한 관심을 가짐으로써 새로운 아이디어를 생각해 낼 수 있는 사고 기능을 뜻한다. 민감성은 개인마다 보는 관점이 다르고 생각이 다르기 때문에 다양하게 나타날 수 있다.

정교성과 민감성을 기르기 위해서는 사물을 자세히 관찰하고 단순한 사실에 관해서도 항상 의문을 품어 보는 습관을 가져야 한다. '도형 속에 숨겨진 창의성 문제'는 도형 속의 구성 부분이 어떻게 변화하는가를 관찰해 찾아내는 것이다. '숫자 속에 숨겨진 창의성 문제'는 수학 문제 해결력 검사와도 밀접한 관련이 있다. 나열된 숫자 사이의 일정한 규칙성을 찾아내는 문제다. '그림 속에 숨겨진 창의성 문제'는 여러 그림을 통해 상상력을 시각화한다. 이러한 세 가지 유형의 문제는 문제 해결을 위해 정해진 원리를 터득하기보다는 여러 가지 시도를 해 볼 것을 요한다.

001

과 의 관계는 □ 과 ______ 의 관계와 같다.

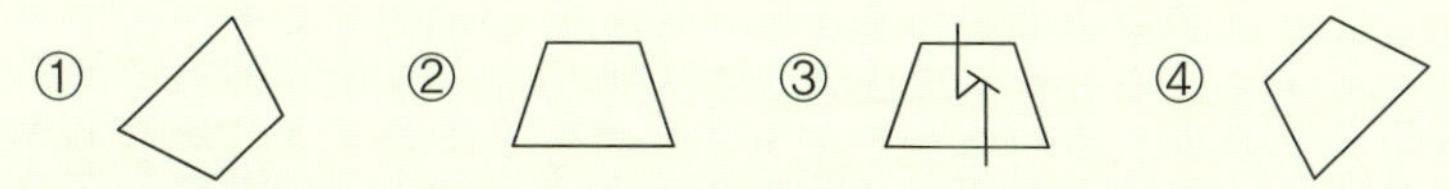

① ② ③ ④

002

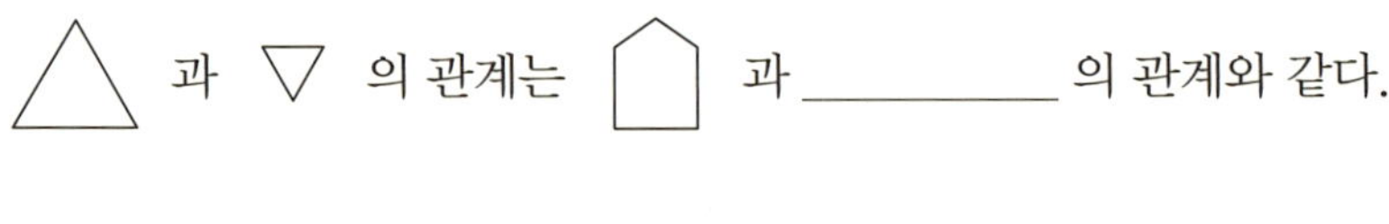

△ 과 ▽ 의 관계는 ⌂ 과 __________ 의 관계와 같다.

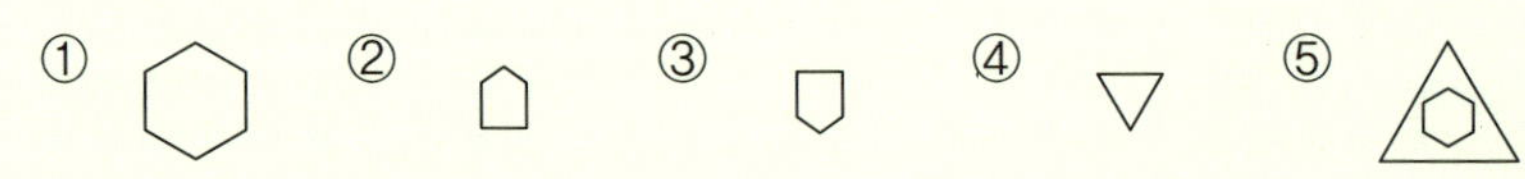

① ⬡　② ⌂　③ ▽　④ ▽　⑤ △

003

▱ 과 ▱ 의 관계는 ◯ 과 __________ 의 관계와 같다.

① ◯　② ◯　③ ▱　④ ◯　⑤ ◯

004

① <S> ② [| |] ③ ⟨X⟩ ④ ⟨X⟩ ⑤ ⟨X⟩

005

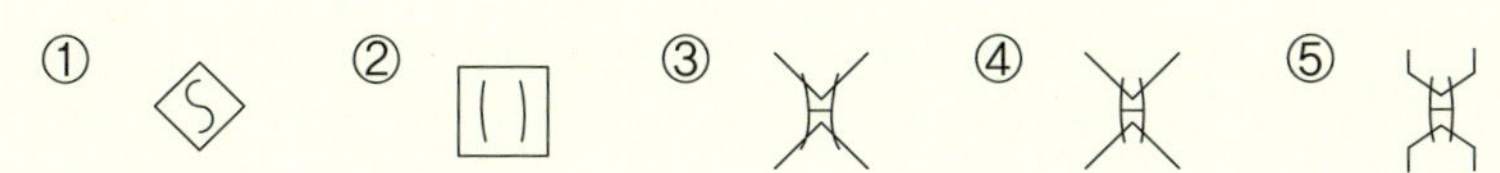

① ⟨ < ⟩ ② ⟨ ≪ ⟩ ③ ⟨ < < ⟩ ④ ⟨ ○ ⟩ ⑤ ⟨ > ⟩

 **006**

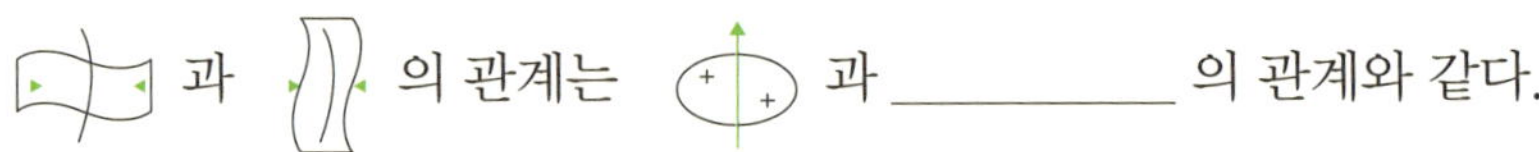

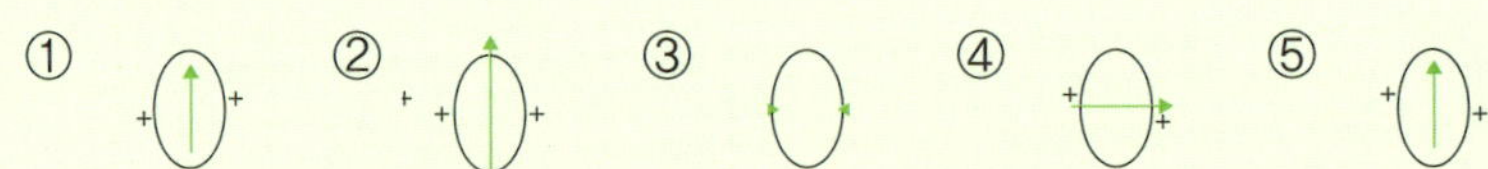

 **007**

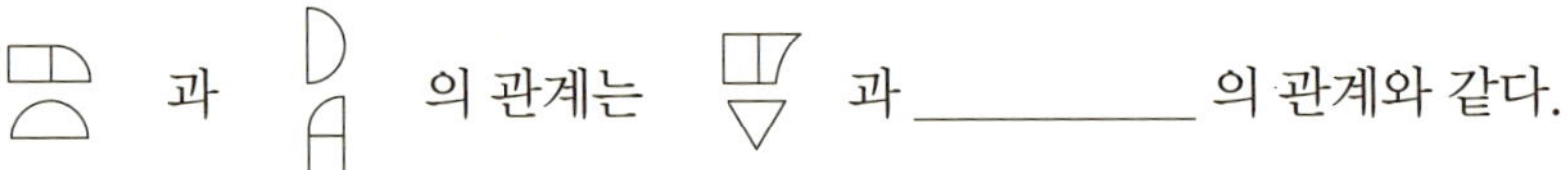

타원 모양이 다음과 같은 일정한 규칙을 가지고 배열되어 있다. 빈칸에 들어갈 모양은 다음 중 어느 것일까?

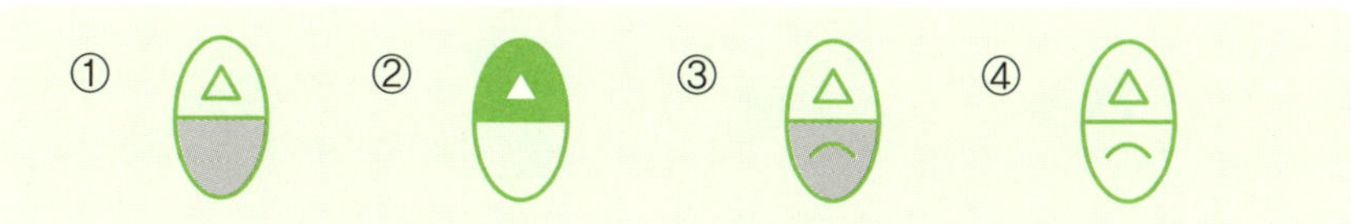

일정한 규칙에 따라 배열된 도형을 보고 빈칸에 들어갈 도형을 추리해 보라.

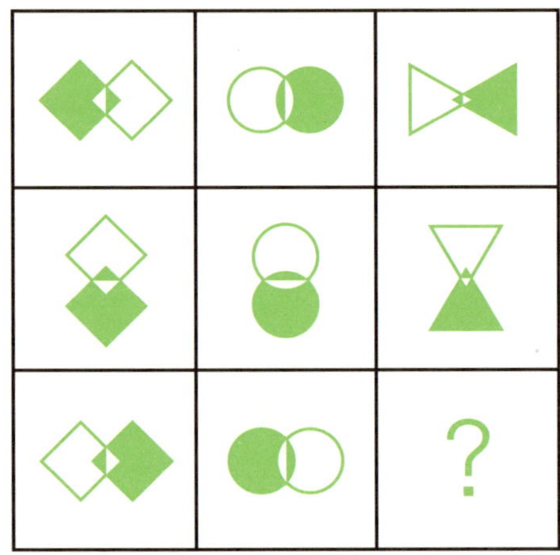

아래와 같이 배열된 세 도형 다음에 올 도형은 어느 것일까?

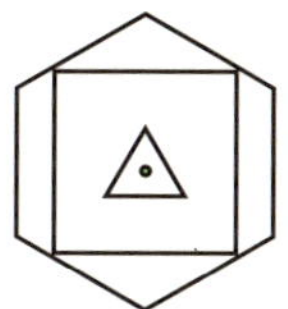  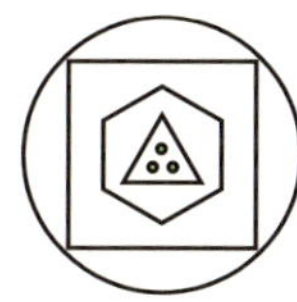 

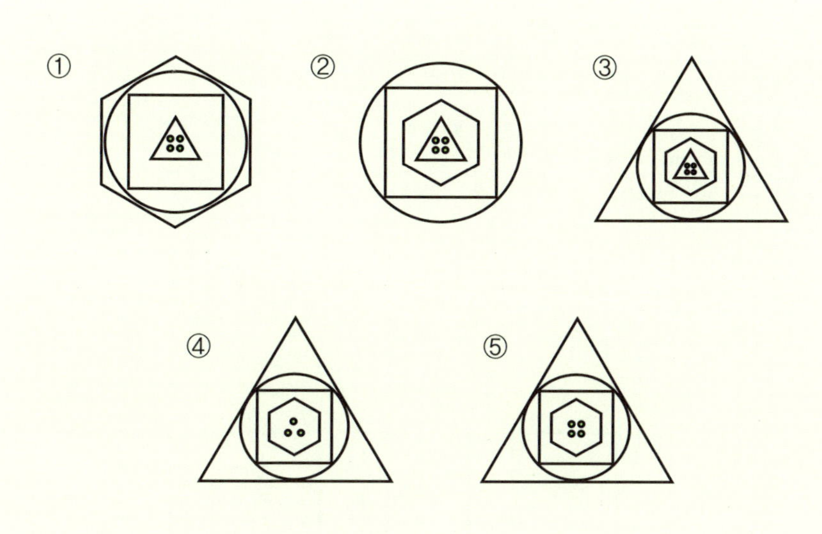

다음 제시된 5개의 도형 중 다른 하나는 어느 것일까?

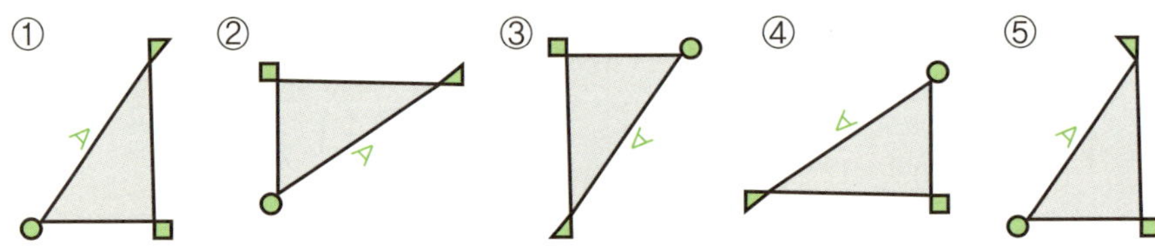

4개의 도형이 순서대로 배열되어 있다. 다섯 번째에 올 수 있는 도형은 어느 것일까?

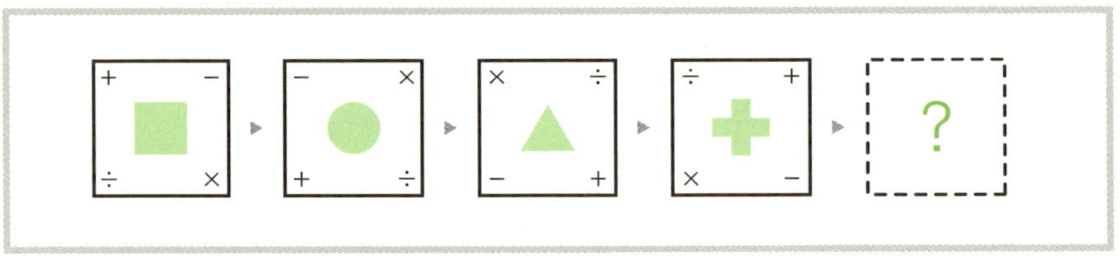

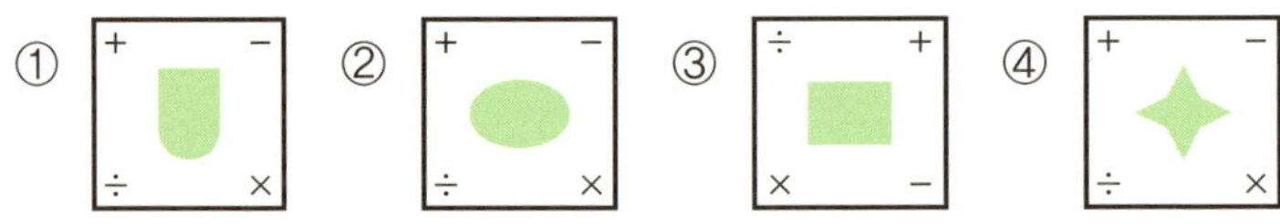

 **001**

다음과 같이 배열된 도형에는 어떤 규칙성이 있다. 매트릭스 공간에 들어 갈 도형은 어느 것일까?

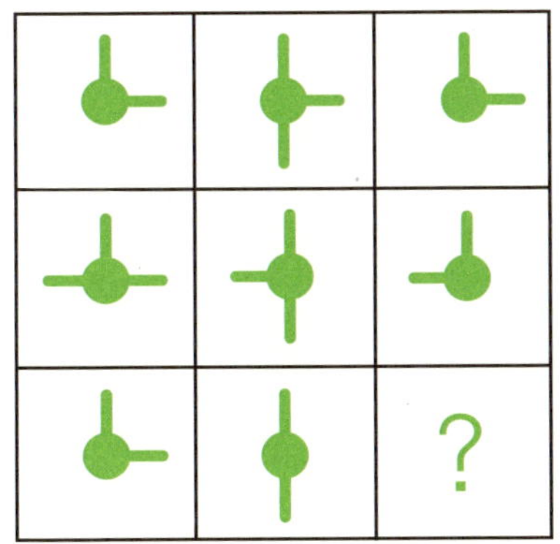

＊매트릭스 문제 : '라틴 방격의 원리'를 도형에 응용한 문제로 '수학 문제 해결력'과도 관련이 있다. '라틴 방격'이란 n개의 글자 및 숫자를 어느 열, 어느 행에도 하나씩 있 게 나열한 것을 말한다.

＊매트릭스 공간 : n개의 기호를 n×n의 정방형에 배열한 '매트릭스 표'는 보통 오른쪽 아래 귀 퉁이의 박스가 공간으로 되어 있는데 이 공간을 매트릭스 공간이라 한다.

다음 매트릭스 공간에 들어갈 도형은 어느 것일까?

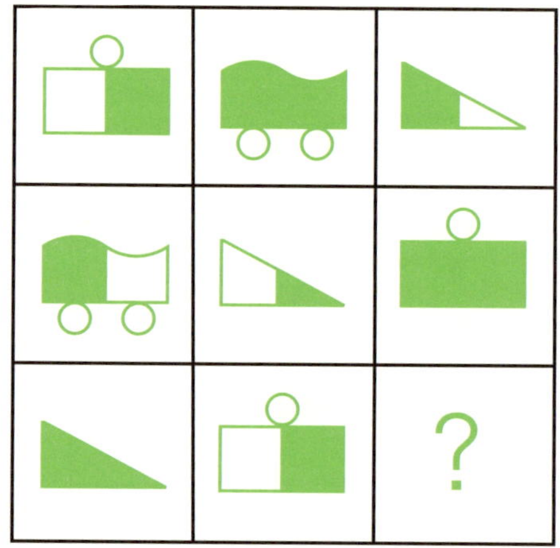

다음 매트릭스 공간에 들어갈 도형은 무엇일까?

다음 매트릭스 공간에 들어갈 도형은 어느 것일까?

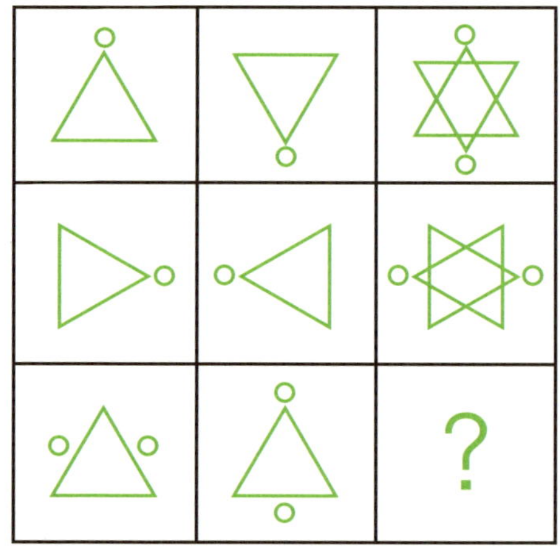

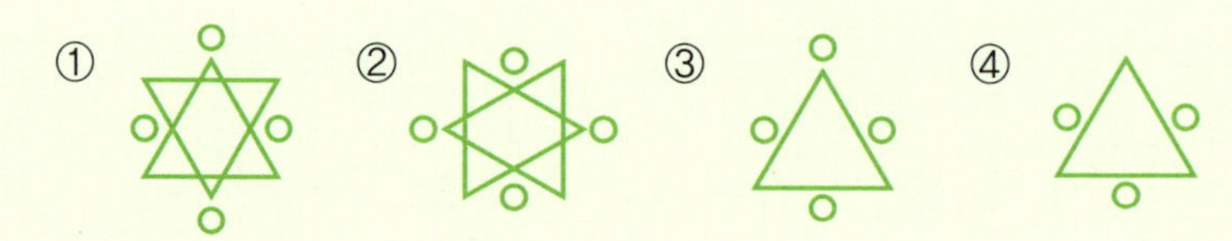

다음 매트릭스 공간에 들어갈 도형은 어느 것일까?

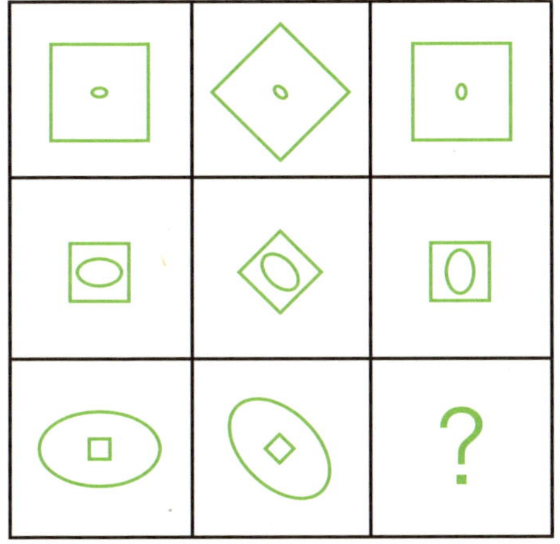

다음 매트릭스 공간에 들어갈 도형은 어느 것일까?

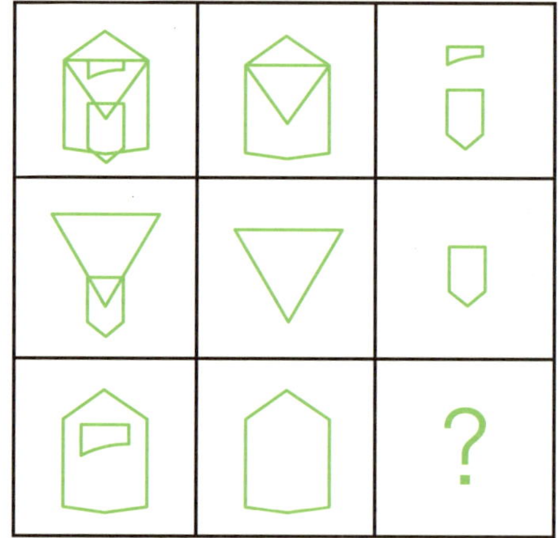

001

어느 농부가 자기가 갖고 있는 사다리꼴 모양의 밭을 같은 크기와 모양으로 갈라 네 형제에게 똑같이 나누어 주려고 한다. 어떻게 하면 될까?

다음 네 도형의 규칙성을 찾아 낸 후, 빈칸에 들어갈 도형의 모양을 그려 보라.

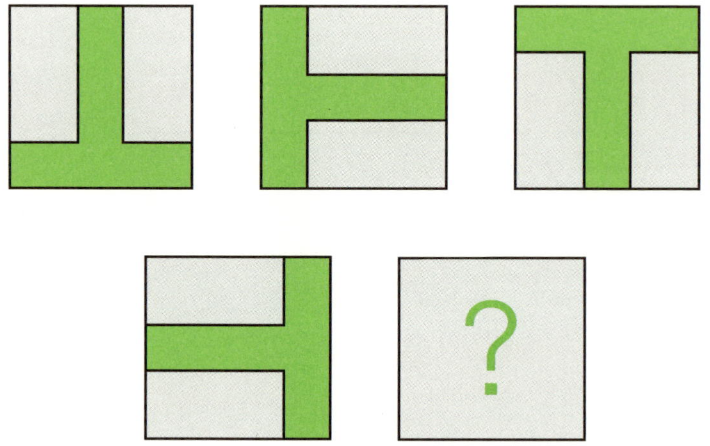

다음과 같은 모양의 밭을 아들 4명에게 각각 똑같은 크기와 모양으로 나누어 주려고 한다. 어떻게 나누면 될까?

다음 〈도형A〉에 비해 면적이 2배인 큰 직사각형을 그려 보라. 그리고 〈도형B〉에 비해 면적이 반인 작은 정사각형을 그려 보라.

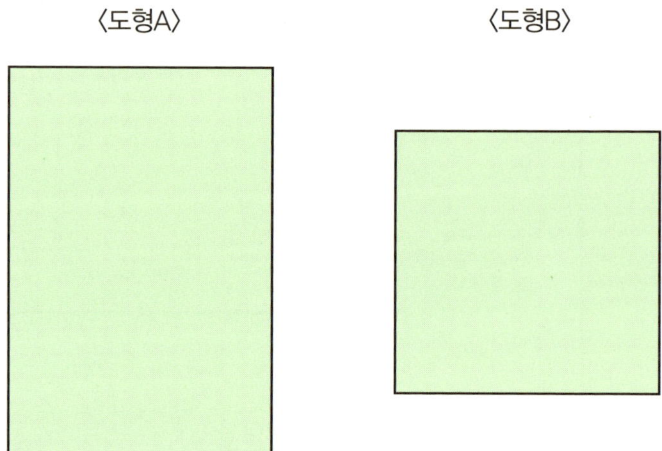

다음 그림과 같이 한 쪽 모퉁이가 잘려 나간 종이를 정사각형 종이로 만들려면 어떻게 오려서 붙이면 될까?

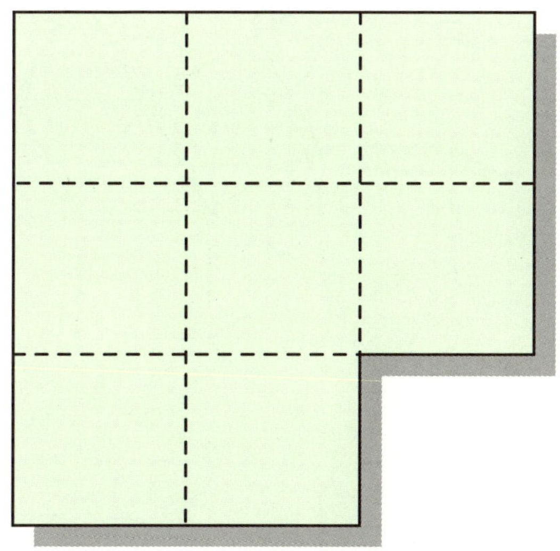

아래 그림을 자세히 보고 세 가지 모양의 도형으로 분류한 후, 각각 나누어
서 그려 보라.

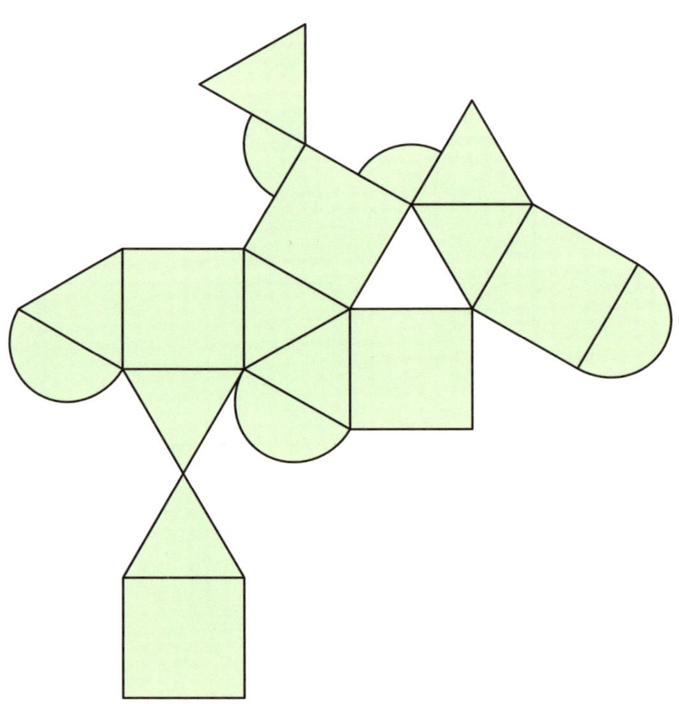

다음 그림과 같이 생긴 땅을 똑같은 면적으로 둘로 나누려고 한다. 어떻게
나누어야 할까?

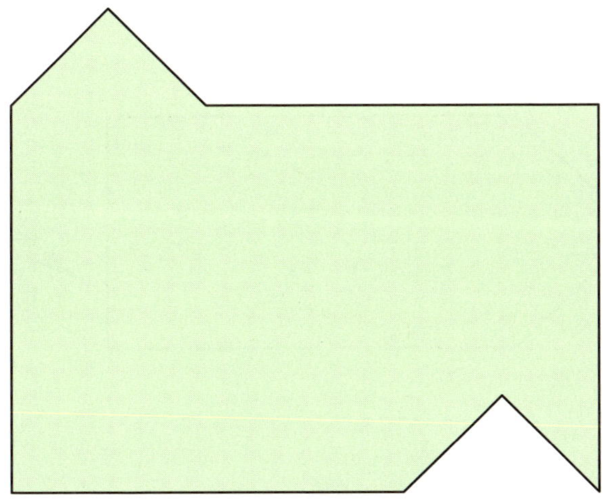

다음과 같은 오각형 종이를 가위로 네 번만 잘라서 화살표 1개와 사다리꼴 2개를 만들어 보라.

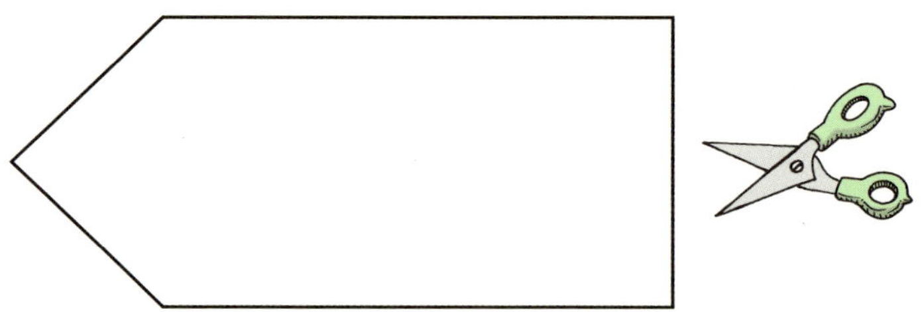

다음 A조, B조의 조각을 이용하여 커다란 직사각형을 만들어 보라.

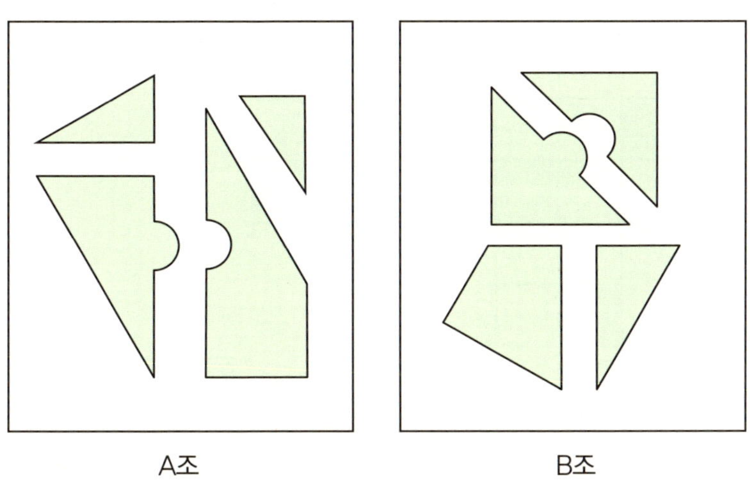

010

다음과 같은 전개도를 접어서 입체 도형을 만들면 어떤 형태가 될지 검은
부위의 색을 칠해 보라.

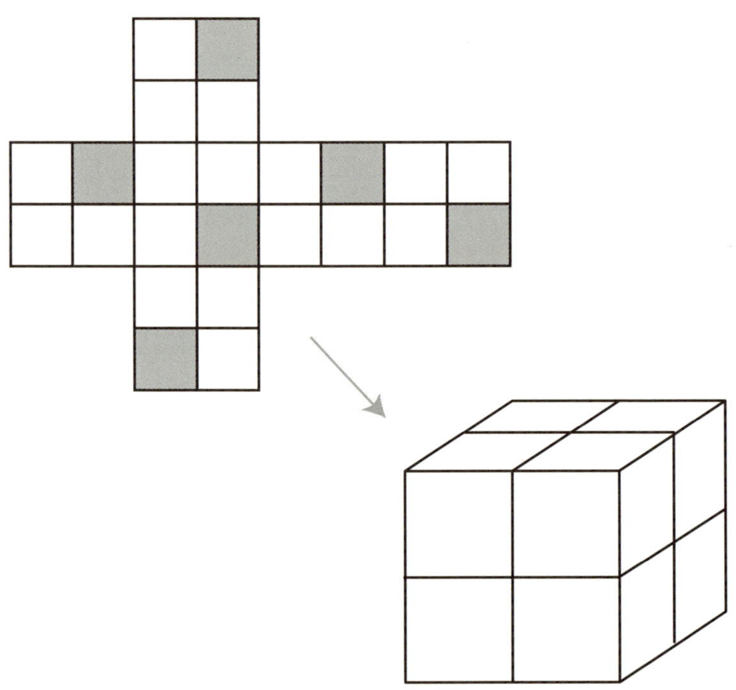

다음 도형을 직선 $\overline{AB}$를 축으로 360° 돌린 회전체는 다음 중 어느 것일까?

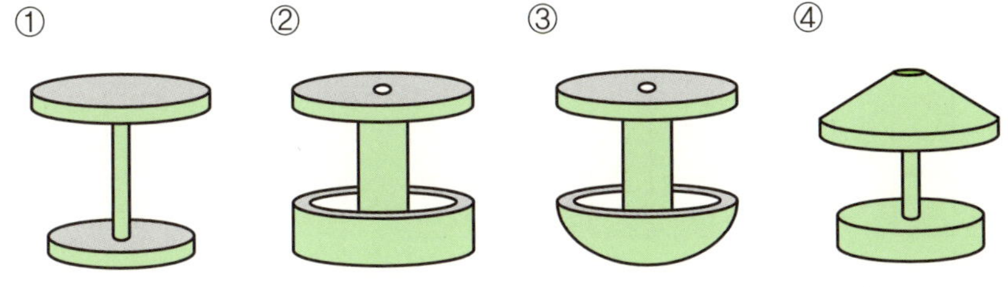

다음 입체물을 위에서 내려다 보았을 때 보이는 면의 모양은 다음 중 어느 것일까?

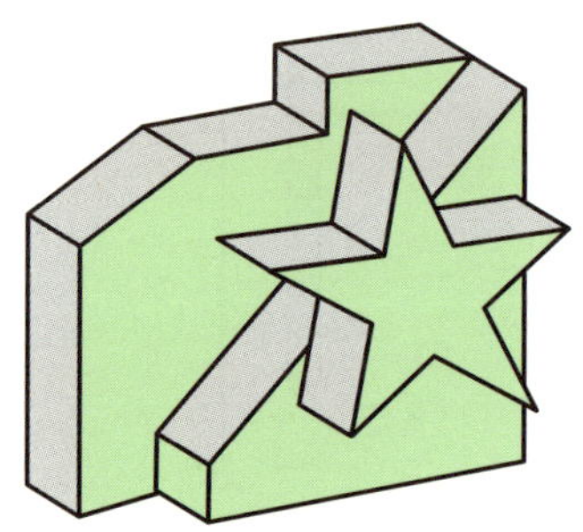

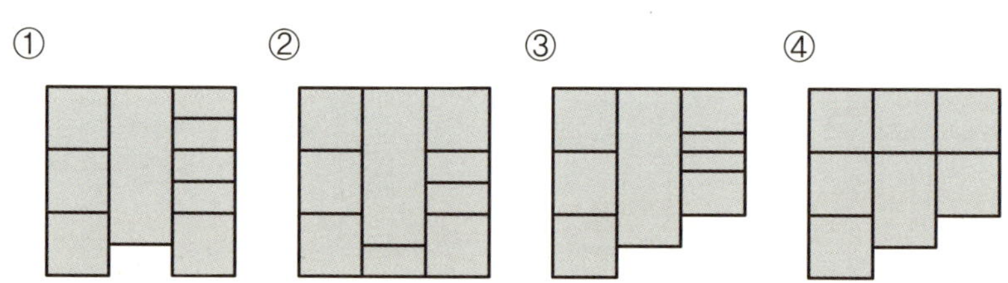

013

어느 부자가 8명의 자손들에게 그림과 같이 생긴 땅을 물려주려 한다. 조건은 8명에게 모두 똑같은 면적으로 공평하게 나누어 주어야 한다는 것이다. 땅을 어떻게 나누면 될까?

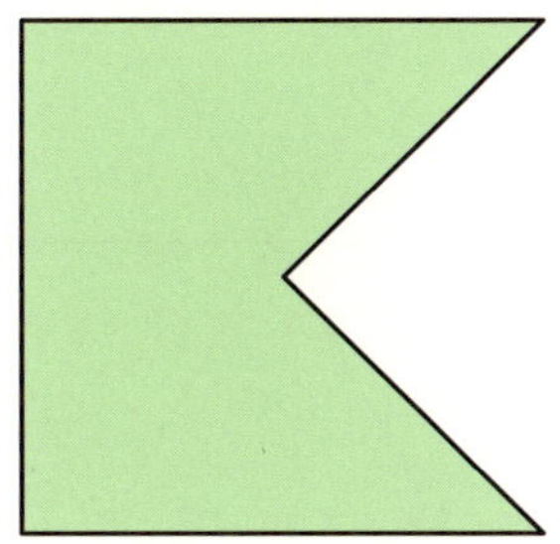

014

서로 다른 색깔이 칠해진 2개의 도형을 이용해서 정사각형 도형 2개를 만들려면 어떻게 해야 할까? (단, 각각 다른 색의 도형이 섞여서는 안 된다.)

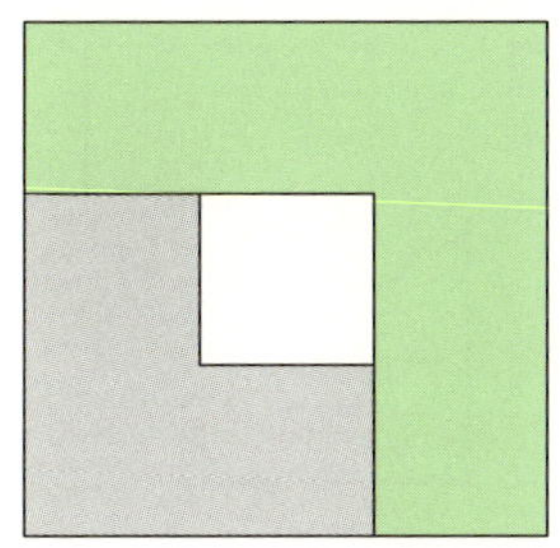

그림과 같이 삼각형이 3개 있다. 여기에 삼각형 1개를 더 그려서 9개의 삼각형을 만들려고 한다. 어떻게 하면 될까?

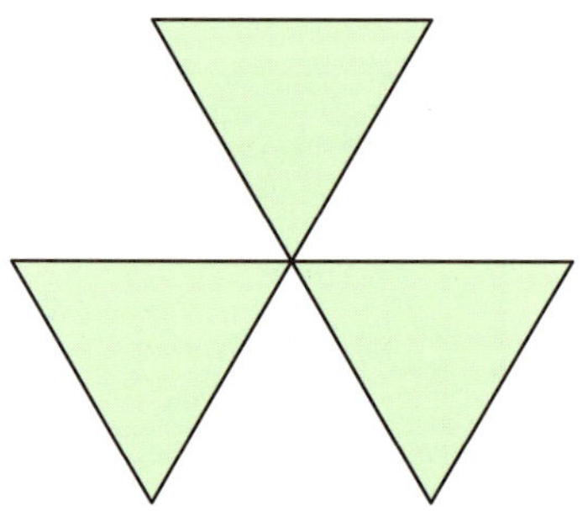

다음 도형 A, B, C를 각각 2개로 나눠 닮은꼴 도형으로 만들어 보라.

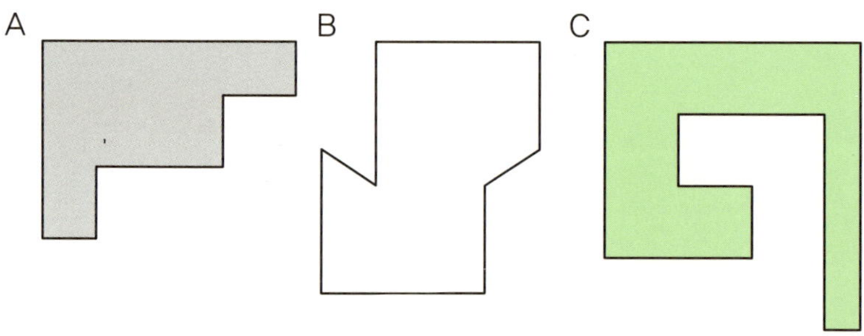

작은 정육면체 27개를 가지고 그림과 같이 커다란 정육면체를 만들었다. 이 커다란 정육면체의 보이는 부분을 모두 칠하면 칠이 하나도 안 된 작은 정육면체는 몇 개가 될까?

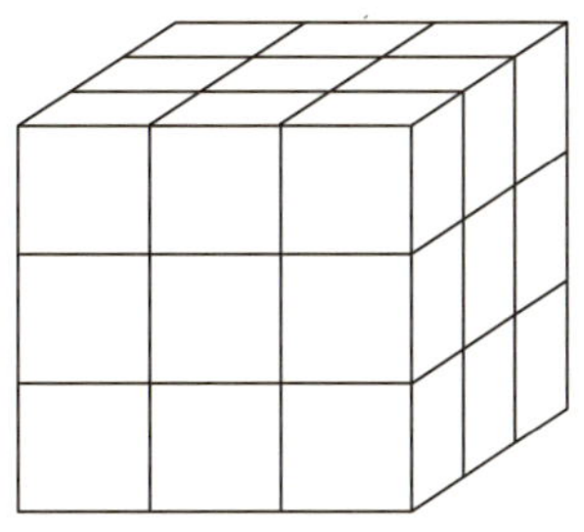

그림과 같은 정육각형에 선을 하나만 그어 삼각형 2개를 만들려고 한다. 어떻게 하면 될까?

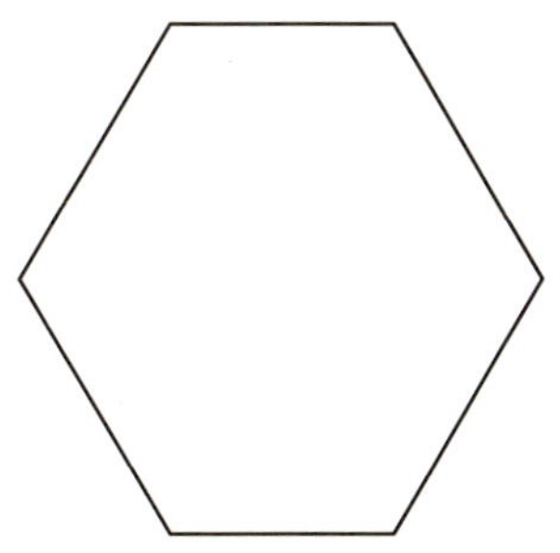

다음과 같은 모양의 도형을 한 번도 떼지 않고 그릴 수 있는 방법을 찾아
보라.

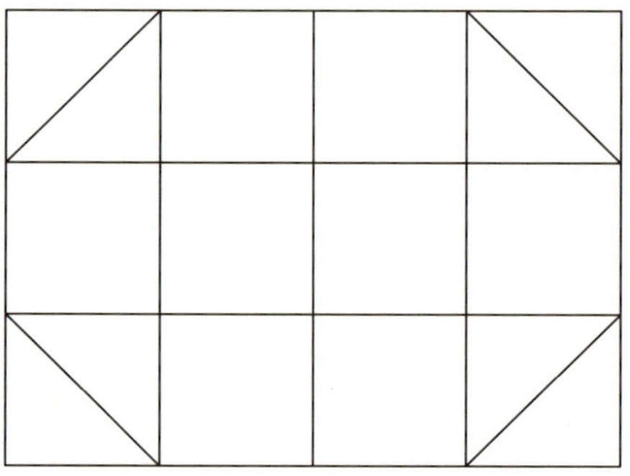

한 변이 1cm인 정삼각형 2개와 정사각형 2개가 있다. 이 4개의 도형을 변
끼리 완전히 겹쳐 만들 수 있는 모양을 모두 그려 보라. (단, 돌리거나 뒤집어
서 겹쳐지는 것은 하나로 본다.)　　　　　[시·도 교육청 영재교육원 기출문제]

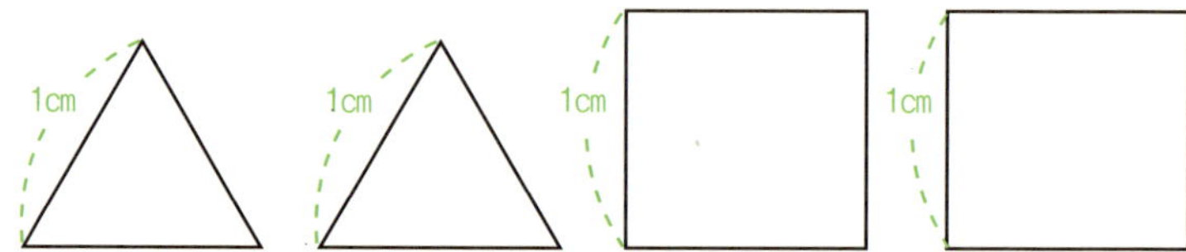

다음 도형에 사각형 1개를 그려 넣어서 같은 크기의 삼각형 10개를 만들어
보라.

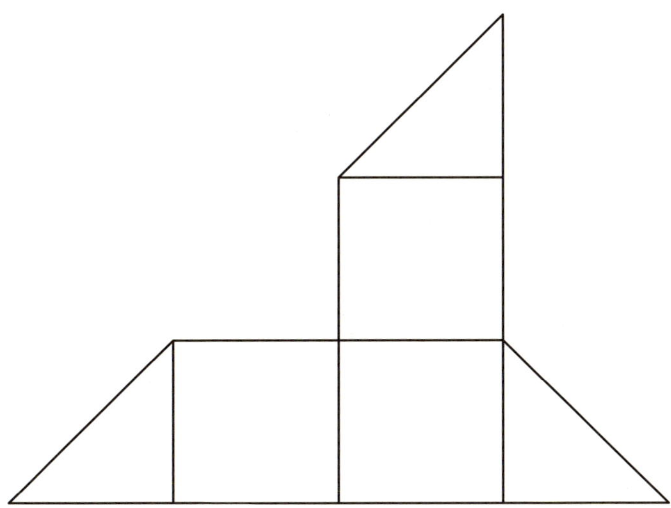

정사각형 모양의 색종이를 〈그림A〉와 같이 선을 따라 잘랐다. 이 중에서 여섯 조각을 골라서 〈그림B〉와 같이 만들 때, 반드시 사용하지 않아도 되는 조각을 찾아 그 번호를 모두 써라.　[시·도 교육청 영재교육원 기출문제]

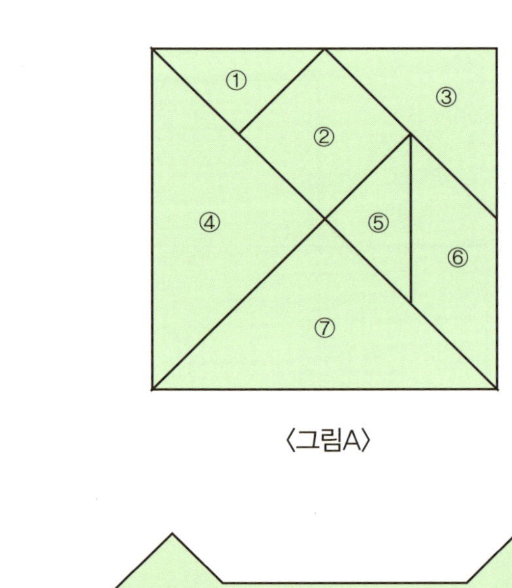

〈그림A〉

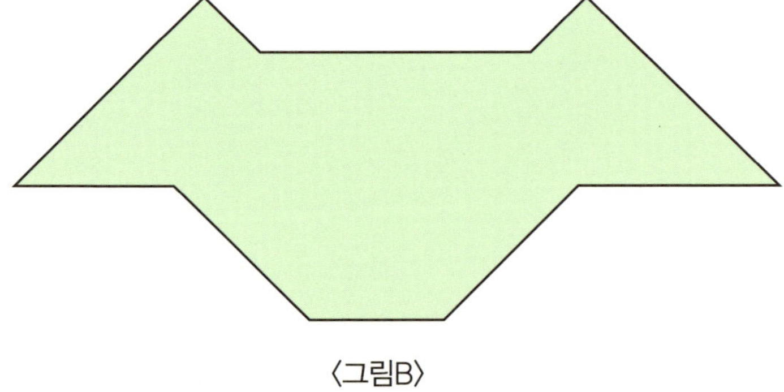

〈그림B〉

다음 A, B, C, D 4개의 입체 도형 중 나머지와 다른 1개가 섞여 있다. 다른 도형 하나를 찾아 내라.

A

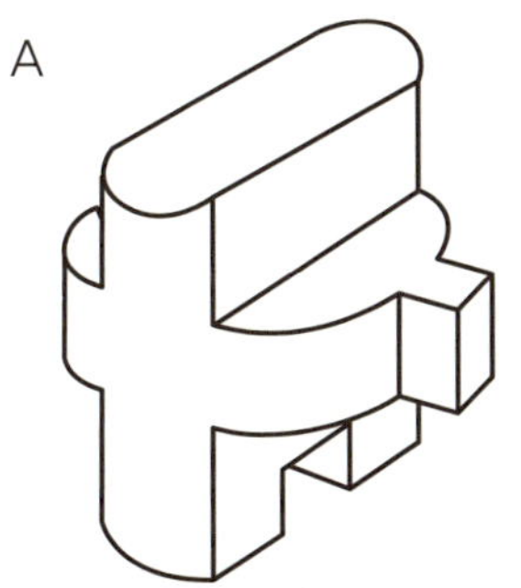

B

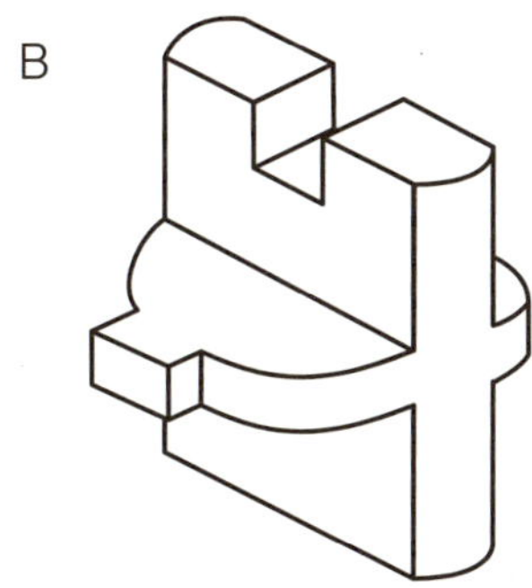

C

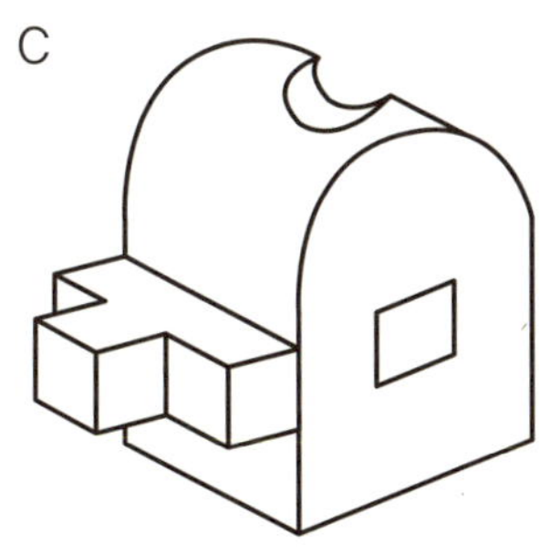

D

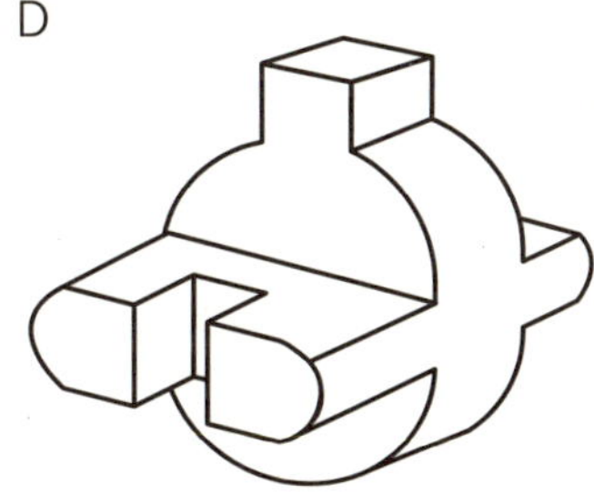

다음은 3개의 입체 도형을 앞, 뒤, 좌, 우로 돌려서 본 측면도의 모습이다.
각 입체 도형에 맞는 측면도끼리 선으로 이어 보라.

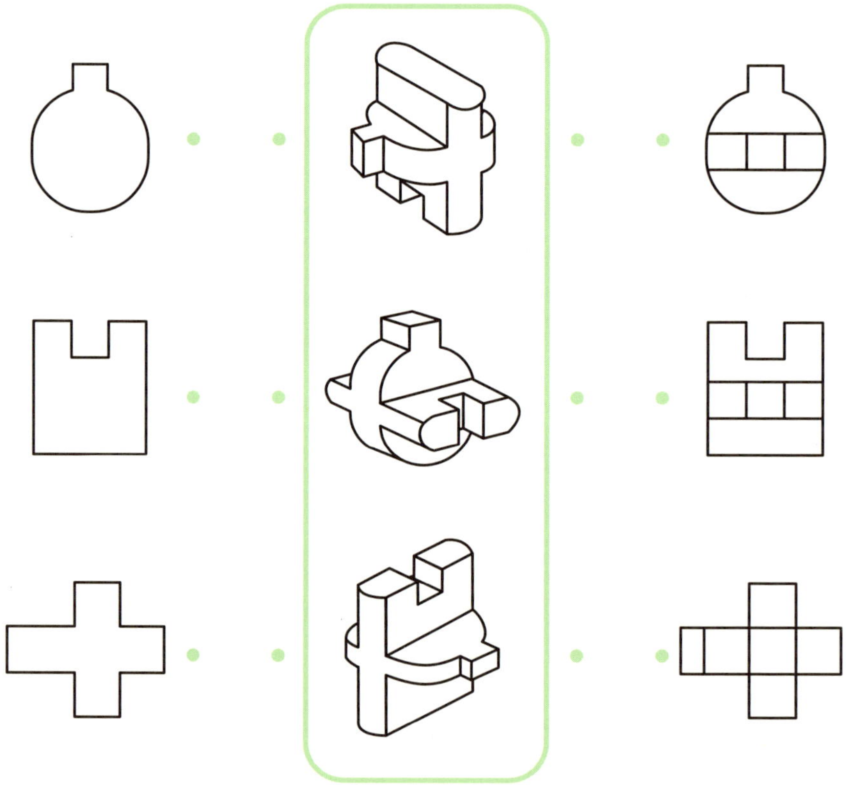

다음 그림은 정팔면체의 전개도이다. 이 전개도를 접어서 정팔면체를 만들었을 때 선분 $\overline{BC}$와 겹쳐지는 선분은 어느 것일까?

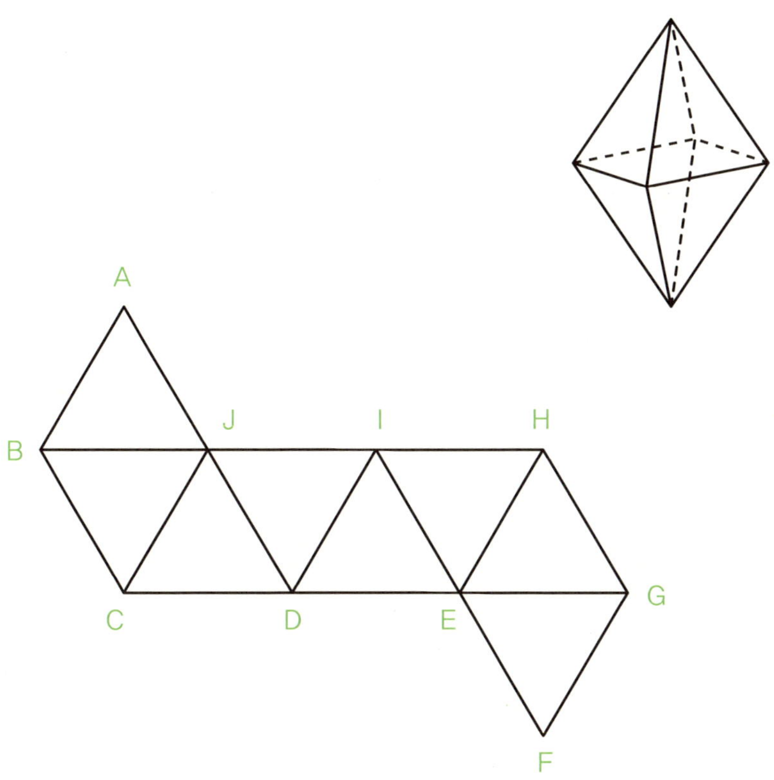

다음 그림과 같은 크기의 직사각형 종이를 가로 4cm, 세로 3cm인 작은 직사각형 크기로 자르려고 한다. 가장 많이 자를 수 있는 방법을 찾아 낸 후 그 장수를 계산해 보라. 최대한 몇 장이나 자를 수 있을까?

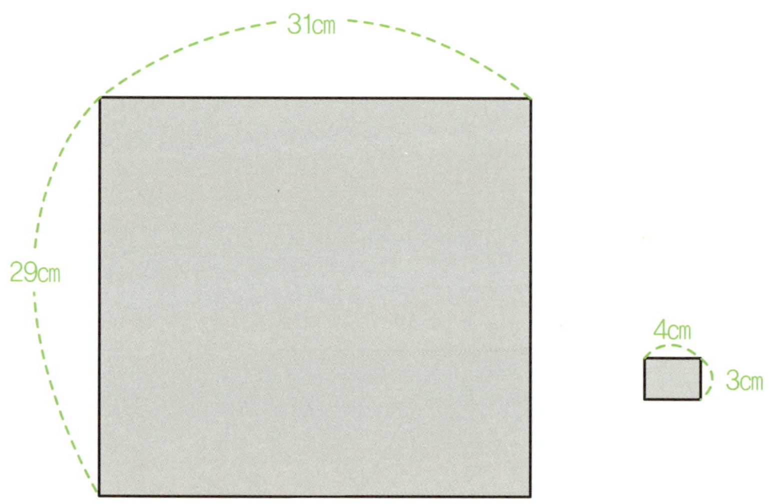

다음과 같이 생긴 도형을 똑같은 모양, 똑같은 크기로 4등분 하려면 〈보기〉 처럼 하면 된다. 그렇다면 이 도형을 똑같은 모양, 똑같은 크기로 5등분 하려면 어떻게 하면 될까?

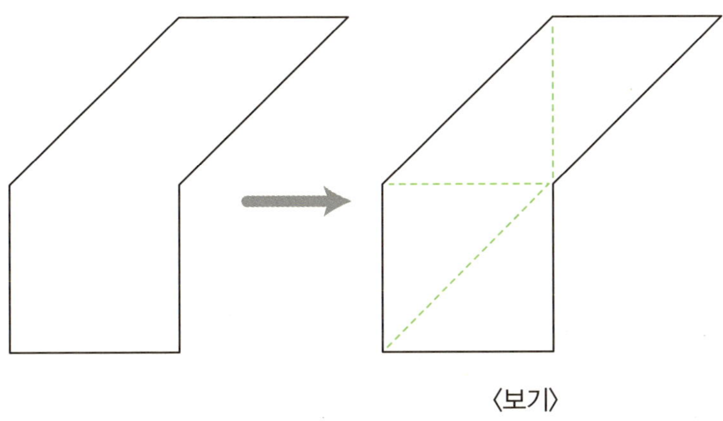

〈보기〉

다음 그림과 같이 정삼각형 3개로 이루어진 사다리꼴 ABCD를 4개의 합동인 도형으로 나누려면 어떻게 하면 될까?

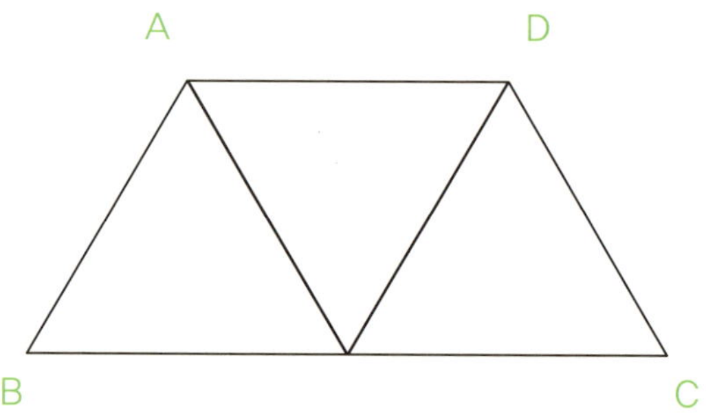

다음 도형에서 찾아 낼 수 있는 삼각형의 수는 모두 몇 개일까?

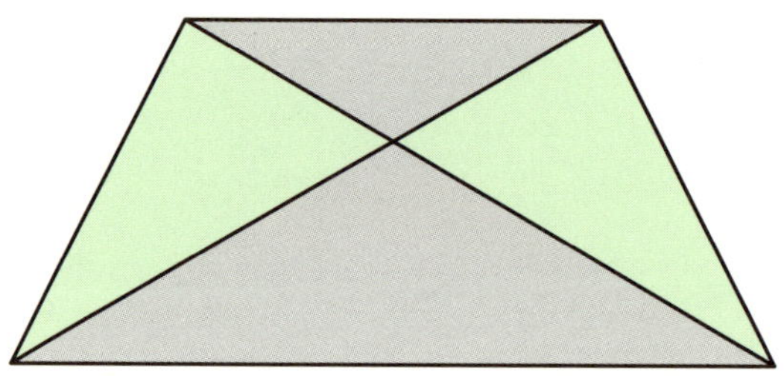

같은 크기의 직사각형 4개를 두 조각으로 잘라 다음 그림처럼 흩어 놓았다. 그런데 이 중의 1개는 다른 어떤 조각과도 들어맞지 않는 조각이다. 어떤 것일까?

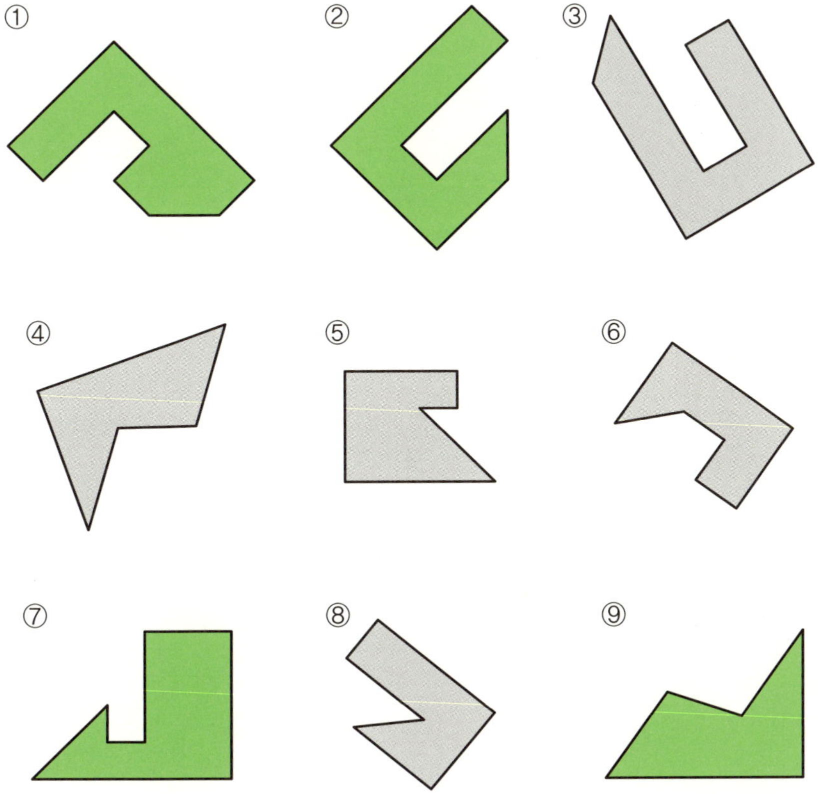

① ② ③

④ ⑤ ⑥

⑦ ⑧ ⑨

다음 도형 A, B, C, D, E 중 우리가 사는 공간에서는 만들어질 수 없는 모양이 있다. 그 모양을 모두 찾아보라.

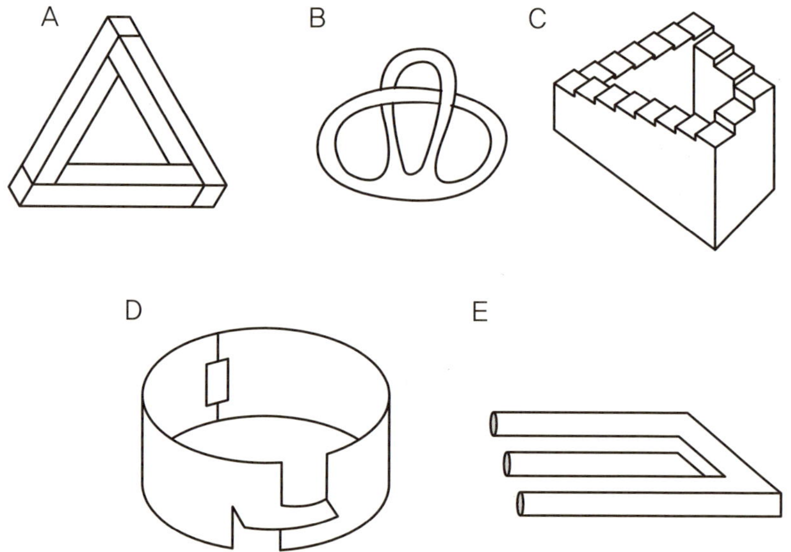

다음 그림과 같은 직사각형 종이에서 그 1/4에 해당하는 부분을 잘라내어 사다리꼴을 만들었다. 이 사다리꼴을 같은 크기와 같은 형태의 4개로 나누려면 어떻게 하면 될까?

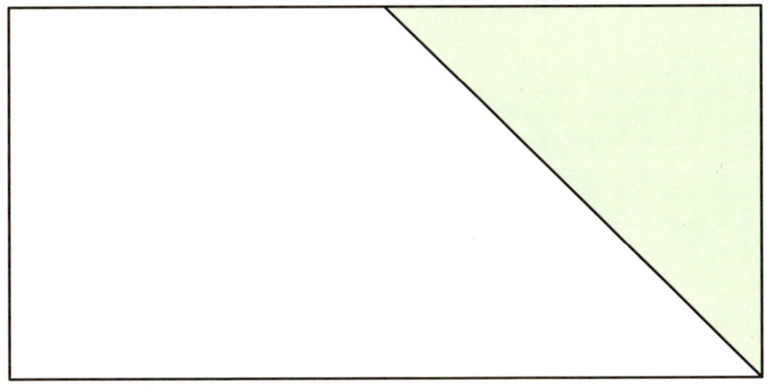

다음 그림과 같은 반지 모양의 그림을 선분 $\overline{AB}$를 회전축으로 하여 돌리면 어떤 모양이 될까?

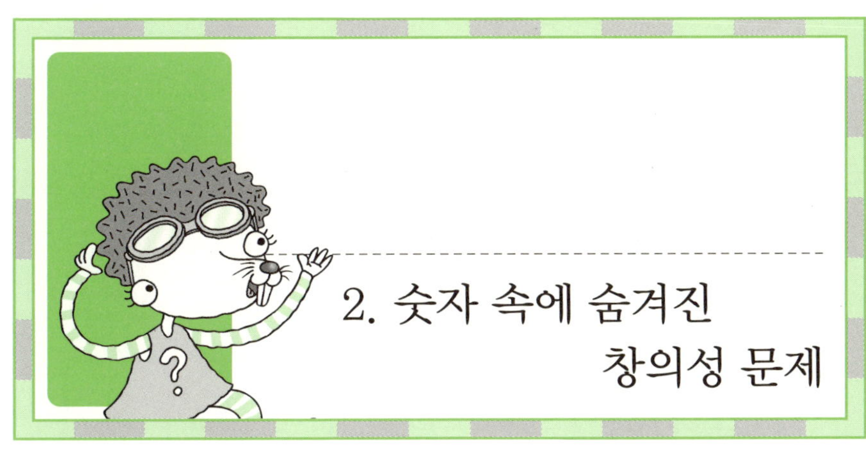

001

다음 숫자 배열에서 빈칸에 들어갈 숫자는 무엇일까?

89	72	?	4

002

다음 숫자 배열에서 빈칸에 들어갈 숫자는 무엇일까?

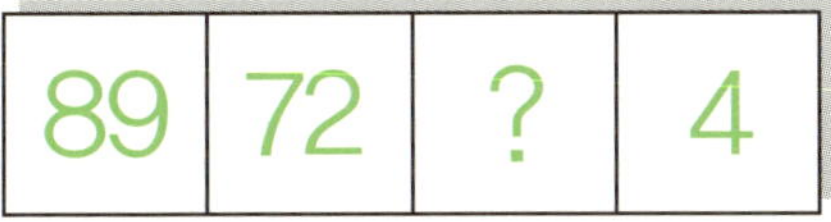

다음의 숫자들은 일정한 법칙에 의해 나열되어 있다. 빈칸에 들어갈 알맞은 숫자를 적어 넣어라.

2	7	6	9	10	11	?

다음 피라미드 구조는 일정한 규칙성을 가진 숫자들이 들어 있다. 빈칸 속에 들어갈 숫자는 무엇일까?

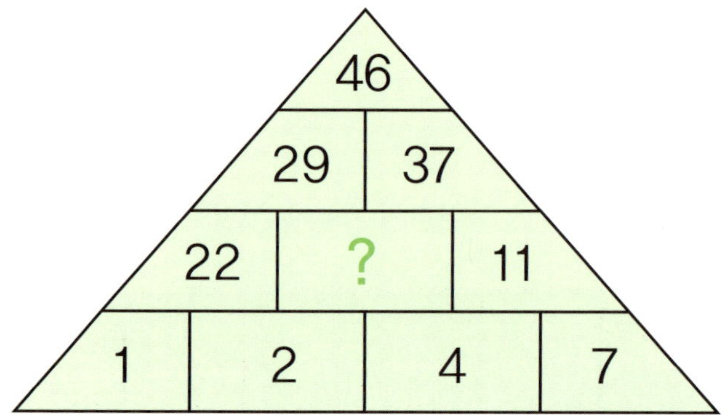

다음 빈칸에 들어갈 숫자는 무엇일까?

이 숫자 배열에서 빈칸에 들어갈 숫자는 무엇일까?

| 5 | 13 | 23 | 37 | ? | 97 |

3이라는 숫자에 더하거나, 곱해도 답은 항상 같아지는 수는 무엇일까? (단, 소수점이 들어 있는 숫자여도 된다.)

선생님이 학생들에게 5에서 3을 빼면 얼마냐고 물었다. 다른 학생들은 모두 2라고 대답했는데 철수는 4라고 대답했다. 선생님은 철수가 말한 답도 맞았다고 하면서 칭찬해 주었다. 그 이유는 무엇일까?

009

숫자 8을 여덟 번 사용하여 1,000을 만들려고 한다. 어떤 방법이 있을까?
(단, ×, ÷, − 부호는 이용해서는 안 되고 + 부호만 이용해야 한다.)

$$8 \quad 8 \quad 8 \quad 8 \quad 8 \quad 8 \quad 8 \quad 8$$

010

다음과 같이 1부터 9까지 나열된 숫자 사이에 등식이 성립할 수 있게끔 기호를 적어 넣어라. (단, 기호의 수는 가능한 한 적게 사용한다.)

$$1 \quad 2 \quad 3 \quad 4 \quad 5 \quad 6 \quad 7 \quad 8 \quad 9 = 100$$

선생님이 칠판에 다음과 같은 숫자가 적혀 있는 카드 3장을 붙이고, 학생들에게 43으로 나뉘는 백자리 숫자를 만들어 보라고 하였다. 어떤 방법이 있을까?

012

6을 빼면 14가 되고, 4를 빼면 60이 되는 숫자는 무엇일까?

$$\boxed{?} - 6 = 14$$

$$\boxed{?} - 4 = 60$$

013

5+5+5=550이라는 식에 하나의 직선을 첨가하여 올바른 수식이 될 수 있도록 해 보라.

$$5+5+5=550$$

제시된 숫자들은 문항별로 전혀 연관성이 없이 나열된 것이다. 각 문항마다는 규칙성이 있다. 빈칸에 알맞은 숫자를 써 넣어라.

(가) 1, 4, 7, 10, 13, 16, 19, [ ], 25, 28

(나) 10, 20, 40, [ ], 160, 320, 640, 1280

(다) 2, 6, 12, 36, 72, 216, [ ], 1296, 2592, 7776

(라) 131, 228, 331, 430, 531, 630, 731, [ ], 930, 1031, 1130, 1231

다음 영어 알파벳과 숫자들은 어떤 규칙성에 따라 나열된 것이다. 빈칸에 들어갈 알파벳은 무엇일까?

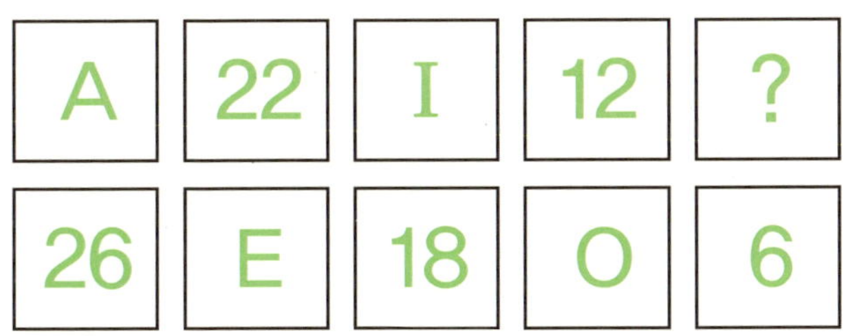

016

다음 주사위 각 면에 적혀 있는 숫자는 일정한 규칙성을 갖고 있다. 빈칸에 들어갈 숫자를 적어 넣어라.

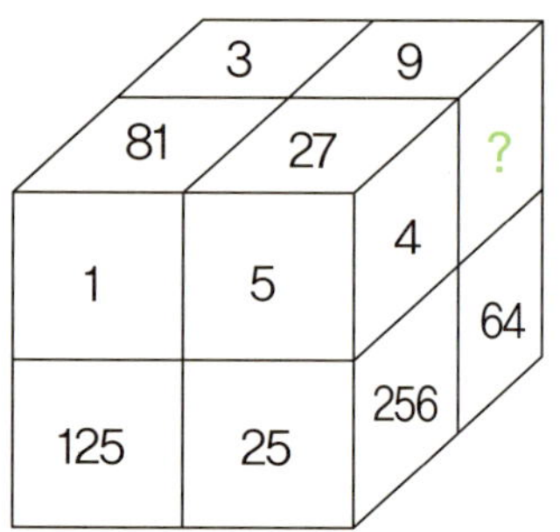

017

다음 두 도형 속의 숫자들은 어떤 규칙성을 갖고 있다. 오른쪽 도형 중앙에 들어갈 숫자는 무엇일까?

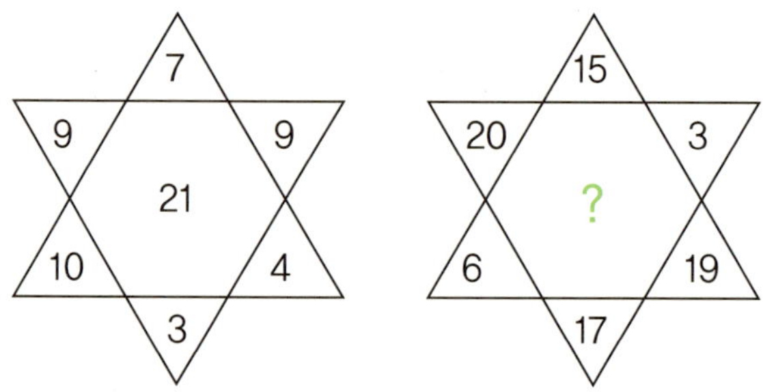

018

빈 동그라미에 알맞은 숫자는 무엇일까?

① 2
② 3
③ 4
④ 6
⑤ 11

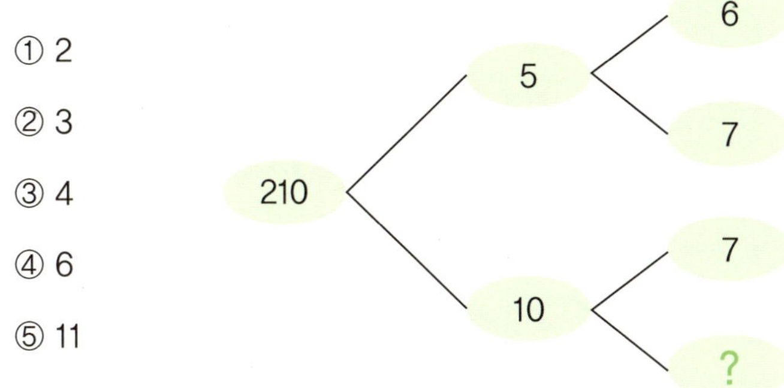

019

다음과 같은 이상한 계산식이 맞는 것은 어떤 경우일까?

$$3+5=4$$

다음 숫자는 가로줄과 세로줄에서 두 개의 수가 세 번째 수를 만든다. 빈 자리에 들어갈 숫자는 무엇일까?

6	2	4
2	?	0
4	0	4

다음 숫자들의 나열은 어떤 규칙성을 갖고 있을까?

1	3	6	10	15

선생님이 학생들에게 8과 5를 더하면 얼마냐고 물었다. 철수가 1이라고 대답했다. 선생님은 맞았다고 하면서 철수를 칭찬해 주었다. 그 이유는 무엇일까?

023

다음 도형 속에 있는 숫자들은 어떤 규칙성을 갖고 있다. 빈 칸에 들어갈 숫자는 무엇일까?

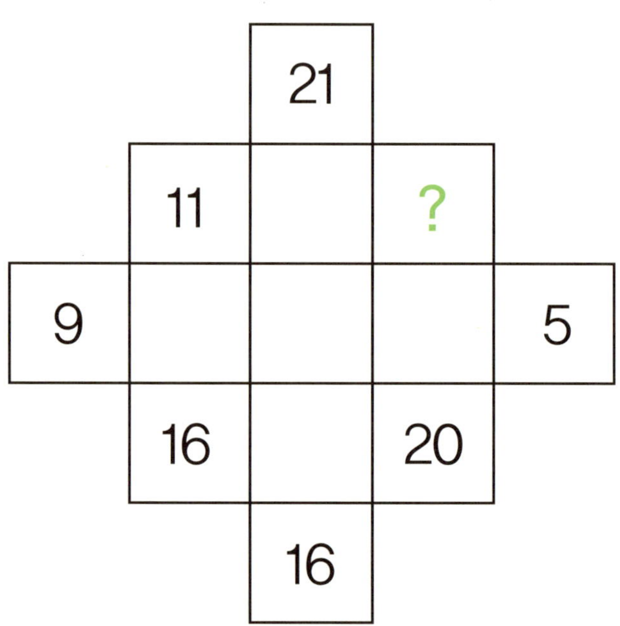

다음 숫자들은 규칙적으로 배열된 것이다. 빈칸에 들어갈 숫자는 무엇일까?

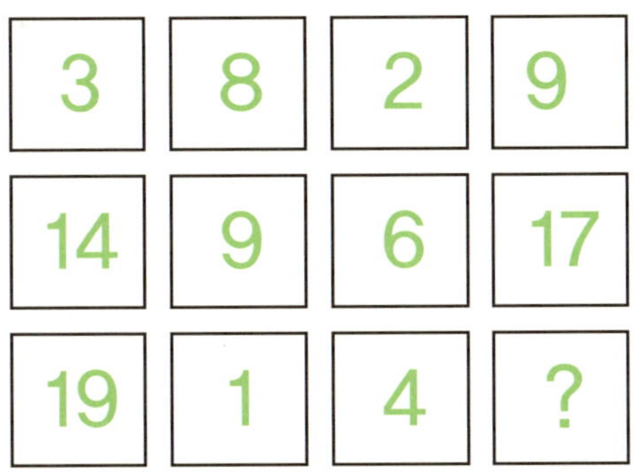

다음 삼각형 안에 적힌 숫자들은 일정한 규칙성이 있다. 마지막 삼각형 중앙에 들어갈 숫자는 무엇일까?

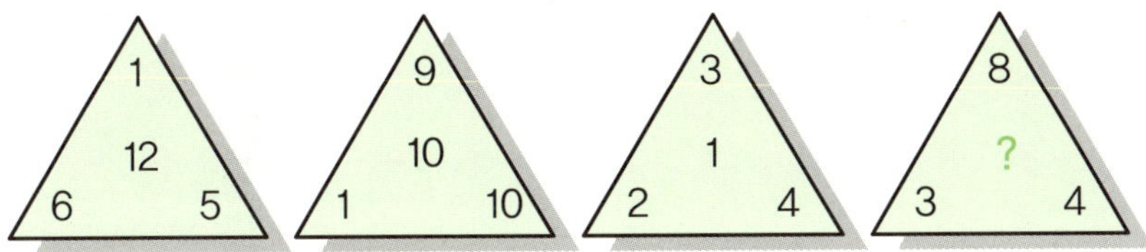

다음 숫자들의 나열은 무엇을 나타내고 있는 것일까?

다음 숫자 배열을 참고하여 빈 동그라미 속에 들어갈 수를 찾아보라.

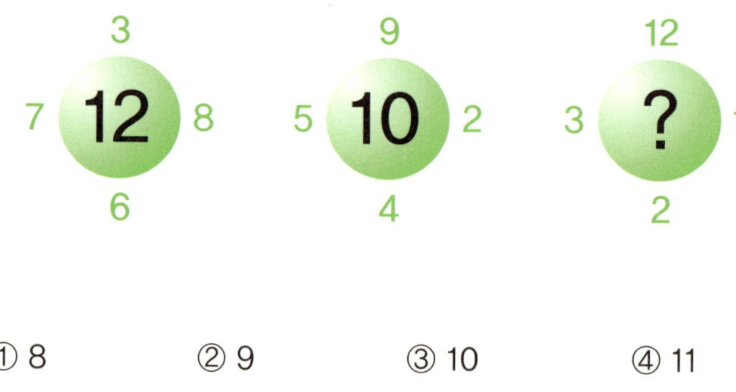

① 8   ② 9   ③ 10   ④ 11

028

A~G 줄에 다음과 같이 숫자들이 나열되어 있다면, 530은 어느 줄에 쓰이게 될까?

A	B	C	D	E	F	G
1		2		3		4
	5		6		7	
8		9				11
	12		13			

029

다음 도형 속 숫자는 겹쳐진 2개의 도형 사이의 어떤 관계를 나타낸 것이다. 네 번째 도형 속에 들어갈 숫자는 무엇일까?

030

다음 숫자의 배열에는 일정한 규칙이 있다. 물음표가 있는 자리에 들어갈 적합한 수는 무엇인가?

[2, 2]　　[8, 4]　　[18, 6]

[?, 8]　　[50, 10]　　[72, 12]

031

다음 숫자들의 나열에서 공통점을 찾아 A와 B에 들어갈 숫자를 찾아 써 넣어라.

24	6	2	A	1
0	6	10	B	13

① 1, 11　　　② 2, 11　　　③ 2, 12　　　④ 1, 12

다음 숫자판의 빈칸에 1~6까지의 숫자를 한 번씩만 넣어서 가로, 세로, 대각선의 합이 각각 15가 되도록 만들어 보라.

<table>
<tr><td></td><td></td><td>8</td></tr>
<tr><td>9</td><td></td><td></td></tr>
<tr><td></td><td>7</td><td></td></tr>
</table>

여러 육각형이 벌집 모양을 이루고 있는데, 각 꼭지점마다 숫자가 적혀 있다. 이 육각형의 빈 꼭지점에 각각 알맞은 숫자를 넣어서 각 육각형을 이루는 숫자의 합이 30이 되게 만들어 보라.

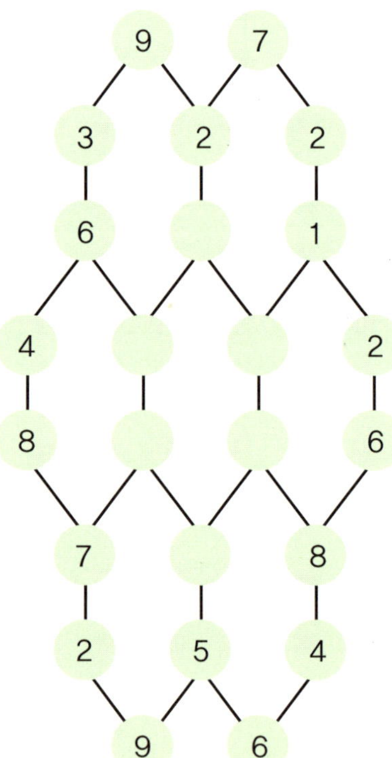

001

다음 그림과 같이 6마리의 쥐와 가운데 있는 고양이가 서로 분리되어 각각 1마리씩 있도록 직선을 그으려고 한다. 어떻게 하면 될까? (단, 직선은 세 번만 그어야 한다.)

002

그림과 같이 길이가 10cm, 폭이 1cm 정도 되는 종이 두 군데를 가위로 잘라낸 후, 양끝에서 잡아당기면 종이는 몇 조각으로 찢어질까?

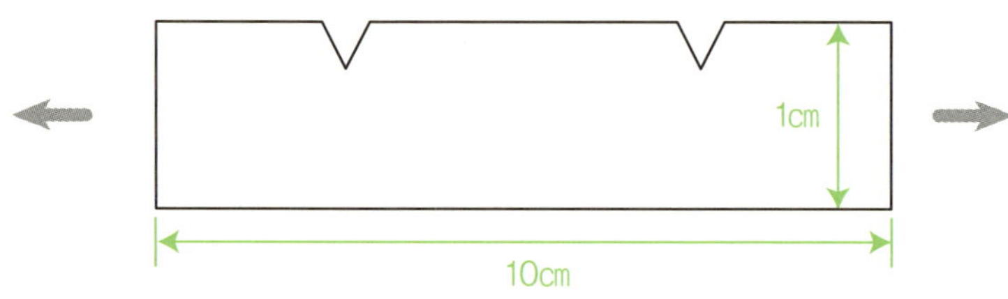

003

맨홀 뚜껑이 사각형이 아니라 원형인 이유는 무엇일까?

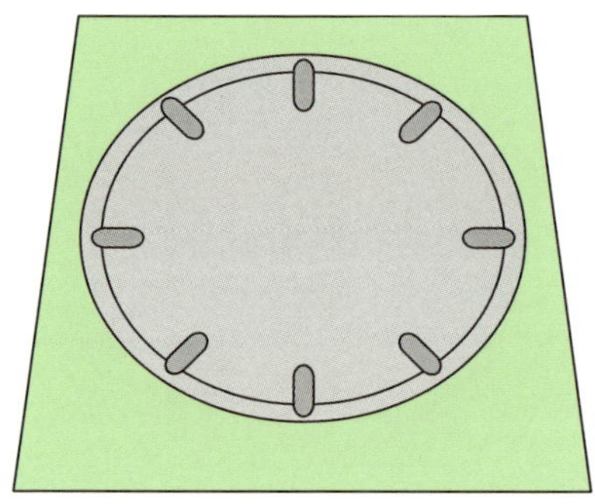

004

다음 그림과 같이 모양과 크기가 똑같은 금괴가 6개 있다. 그런데 이 가운데 1개의 금괴는 납에 금을 도금한 가짜인데 손으로 들어봐서는 도저히 구분해 낼 수가 없다. 저울에 세 번만 달아서 가짜 금괴를 찾으려면 어떻게 해야 할까?

그림과 같이 검은색 오뚝이 4개와 흰색 오뚝이 4개가 나란히 서 있다. 이들 오뚝이 중 이웃한 2개씩을 옮겨서 검은색 오뚝이와 흰색 오뚝이가 서로 교대로 서 있게 하려면 어떻게 하면 될까?

납작한 원통을 쌓아 놓았다. 위에서, 앞에서, 옆에서 보았을 때 각각 다음과 같이 보였다면 원통의 개수는 모두 몇 개일까?

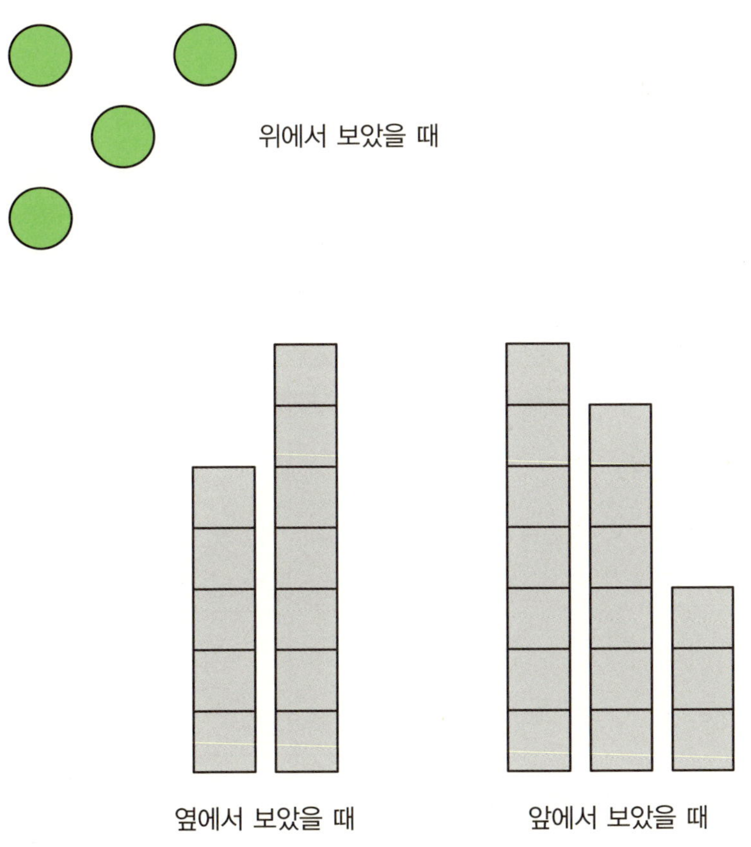

다음 여러 도형 중에서 아래 그림과 같은 물고기 모양을 찾아 검게 색칠해 보라. (단, 3개의 도형에만 색칠해야 한다.)

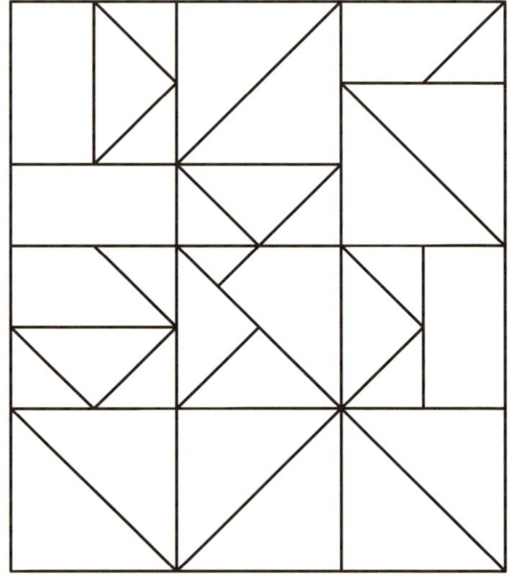

아래의 그림처럼 생긴 물건을 이용해서 할 수 있는 일을 상상하여 적어 보라.

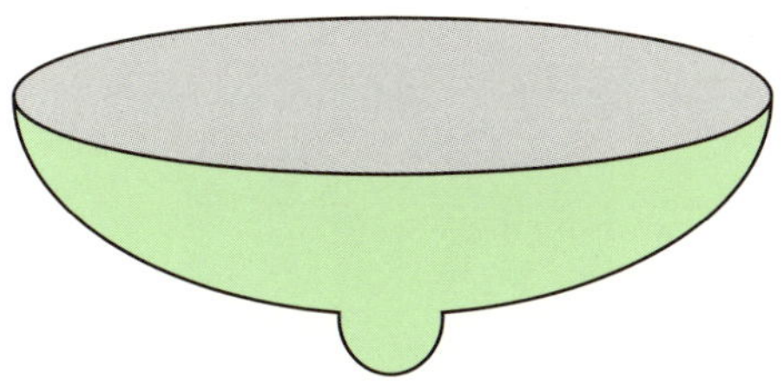

다음 그림을 보고 무엇이 연상되는지 자신의 느낌을 자유롭게 적어 보라.

010

100원짜리 동전 1개와 푸른 물감을 사용하여 1분 동안에 같은 숫자를 500
개 이상 만들어 보라.

011

아래의 도형을 이용해서 만들 수 있는 물건과 그 용도를 두 가지 이상 적어
보라.

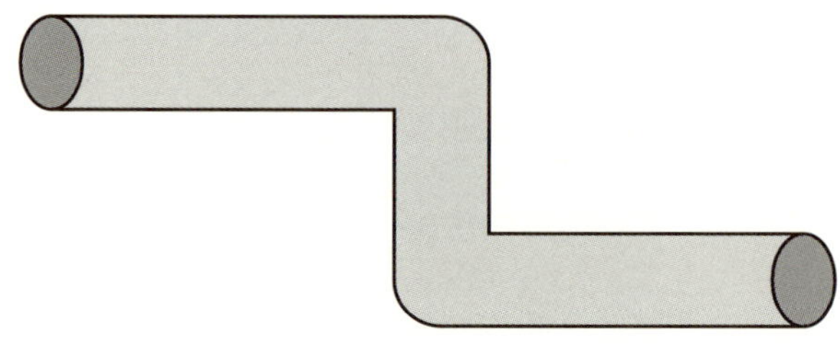

012

어느 학교 교문에 다음과 같은 플래카드가 걸렸는데, 비가 와서 글씨가 군데군데 지워져 잘 알아 볼 수 없게 되었다. 처음에 어떤 내용의 글이 씌어 있었을까?

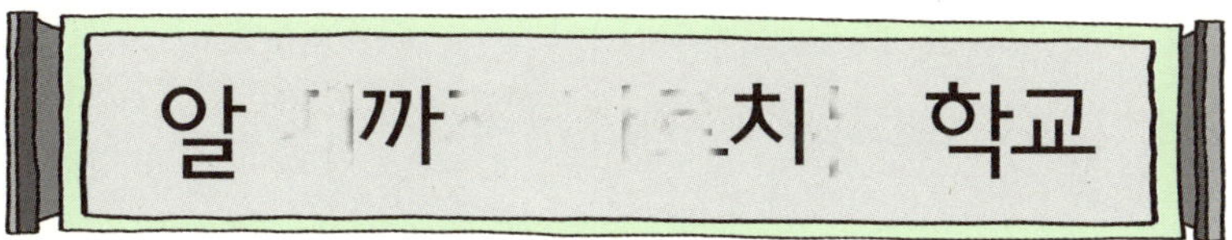

013

다음 글자는 어떤 의미를 나타내는 것일까?

014

어떤 청년이 차를 운전해 가던 중 외딴 산길에서 세 사람과 마주쳤다. 한 사람은 마을 병원의 의사인데 급한 환자가 있어 빨리 병원으로 가야 했다. 또 한 사람은 허리를 심하게 다친 할머니였다. 그리고 나머지 한 사람은 가 냘프고 예쁜 아가씨였다. 세 사람 모두 청년에게 도움을 청하며 마을까지 동행해 주길 부탁했다. 차는 2인승이라 운전자를 포함하여 두 사람만 탈 수 있다. 당신이 이 청년이라면 어떻게 할 것인가?

다음 5개의 도형들이 나타내는 의미는 무엇일까?

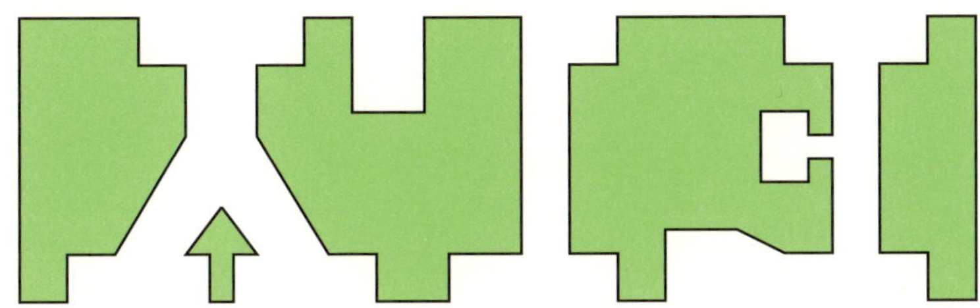

10원짜리 동전 10개를 정삼각형 모양으로 배열하였다. 이 중에서 동전 3개만을 움직여 정삼각형을 역삼각형 형태로 만들려고 한다. 어떻게 이동해야 하는지 방법을 생각해 보라.

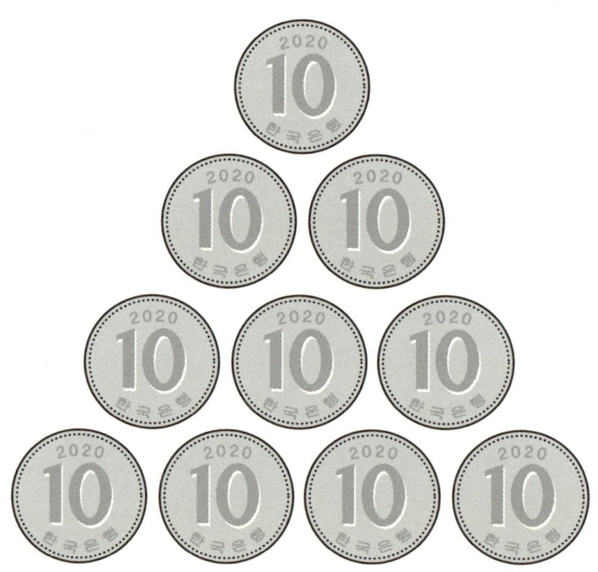

어떤 사람이 가로 30m, 세로 30m인 정사각형의 땅에 집을 지으려고 한다. 그런데 건축 허가 조건이 전체 땅의 $\frac{2}{3}$ 면적인 200㎡ 안에만 지어야 하고, 그 면적 안에는 나무가 한 그루도 있어서는 안 된다는 것이다. 어떻게 땅을 구분하여 집을 지으면 될까?

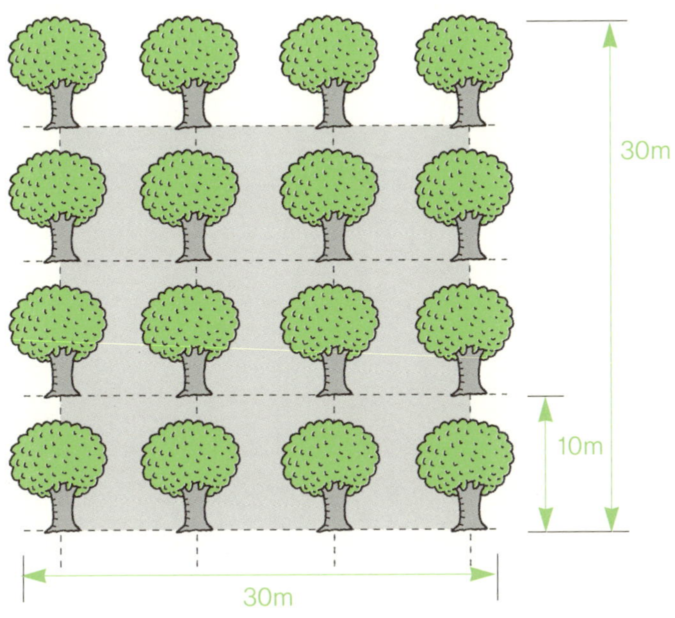

다음 그림을 보면 위에 다람쥐, 거북이, 병아리, 개구리 순서로 배열되어 있다. 이 동물들의 순서를 아래와 같이 반대로 배열하기 위해서는 사다리 타기 선분을 어떻게 그려 넣어야 할까?

아래 그림과 같이 16개의 점이 찍힌 점판이 있다. 점을 4개 이어서

 와 모양과 크기가 같은 삼각형을 몇 개나 그릴 수 있는가?

다음 그림과 같이 네모난 우리에 짐승 9마리가 들어 있다. 이 우리에 2개
의 사각형 우리를 그려 넣어 짐승 9마리를 각각 가둘 수 있는 방법을 찾아
보라.

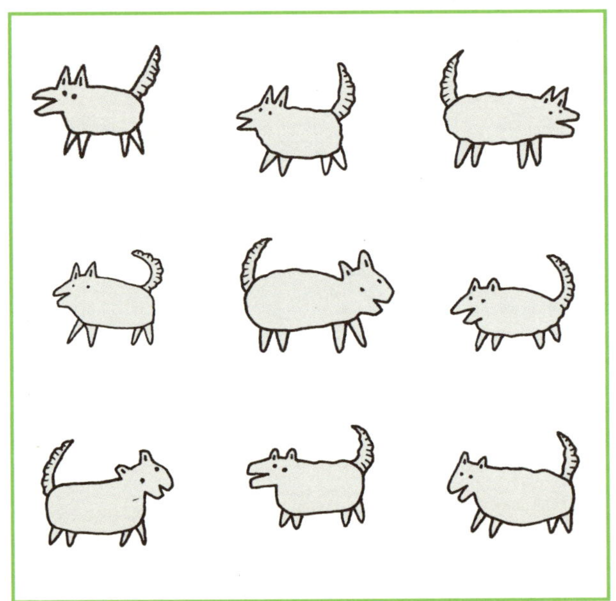

조류학자인 박 교수가 제자 2명과 함께 야외 조류 탐사를 나갔으나, 일주일이 지나도록 돌아오지 않아 구조대가 찾아 나섰다. 구조대가 산속 현장에 도착해 보니 다음 그림과 같은 상황이 벌어져 있었다.

이 그림에 나타난 상황을 보고, 어떤 일이 발생했다고 여겨지는지 각자 추리해서 이야기를 구성해 보라.

다음 그림과 같이 길고 투명한 비닐관 속에 흰 구슬 4개와 그 사이에 검은
구슬 1개가 들어 있다. 이 비닐관을 자르지 않고 가운데에 있는 검은 구슬
만 꺼낼 수 있는 방법을 생각해 보라.

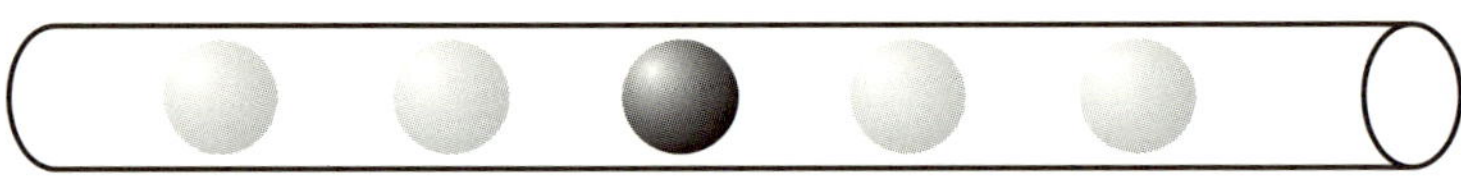

다음 선분을 이용하여 재미있는 그림을 스케치해 보라.

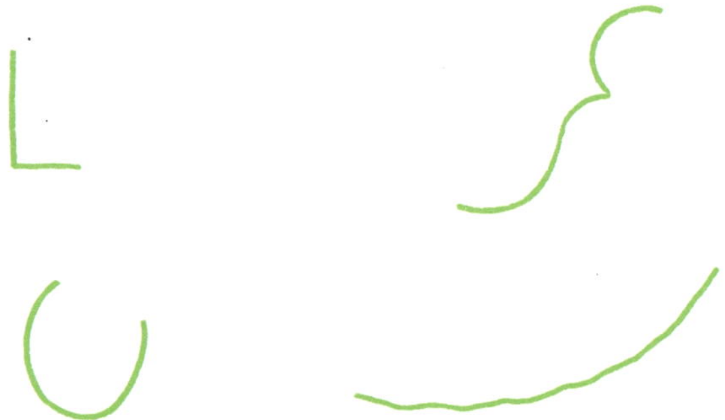

다음 그림은 어떤 상황을 그린 것일까? 상상하여 적어 보라.

다음 도형들은 모두 같은 형태의 벽돌을 짜 맞추어 만든 것이다. 아래의 벽돌 가운데 어떤 형태의 벽돌로 만든 것일까?

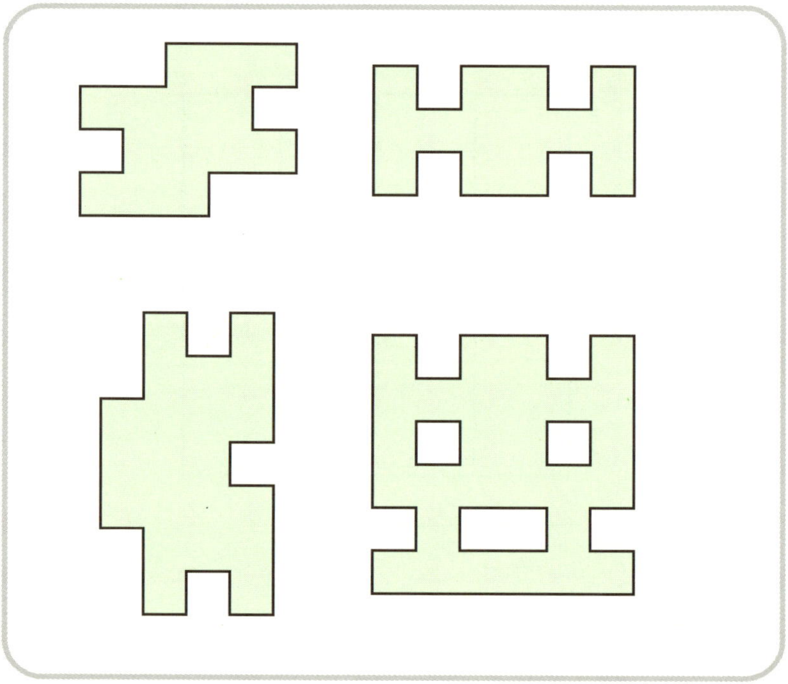

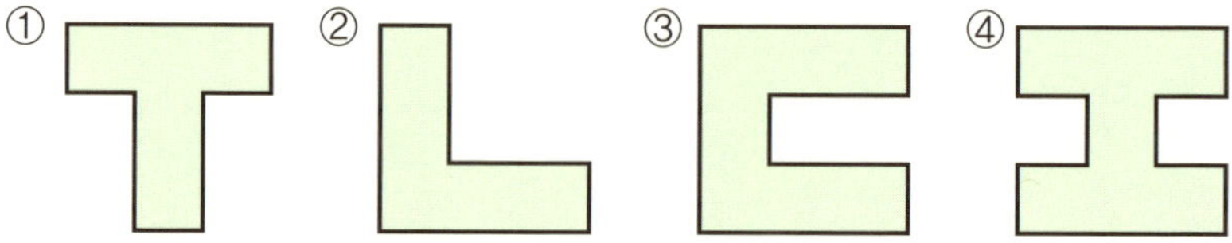

① ② ③ ④

026

어느 마을에 그림과 같은 길이 만들어져 있다. 왼쪽에서 출발하여 한 번 간 길은 또 가지 않고 전체 길을 모두 거쳐 오른쪽 길로 빠져 나올 수 있는 방법을 찾아보라.

다음 그림 A, B는 얼핏 보면 같은 그림으로 보이지만, 사실은 서로 다른 부분이 16군데 있다. 그림 A와 비교할 때 그림 B에서 달라진 부분을 찾아서 동그라미 표시를 해 보라.

그림 A

그림 B

다음 그림은 어느 지방 공항의 모습이다. 아래 도면 가운데 공항 건물의 평면도는 어느 것일까?

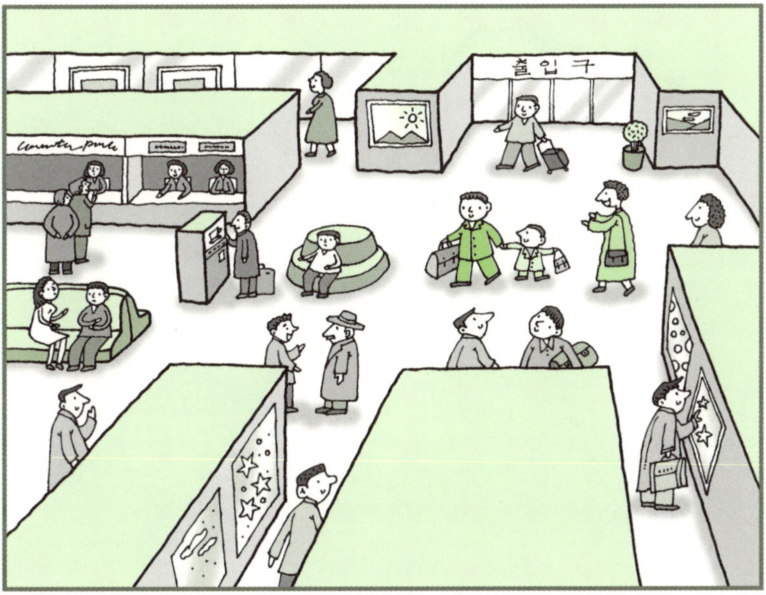

①

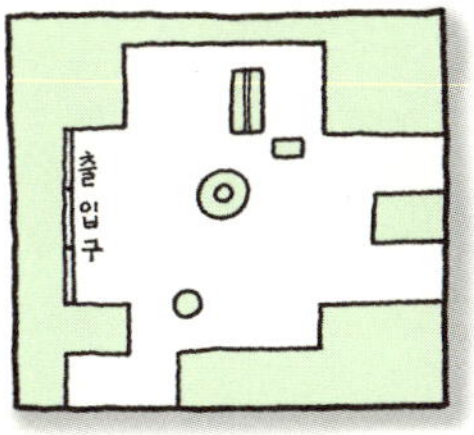

②

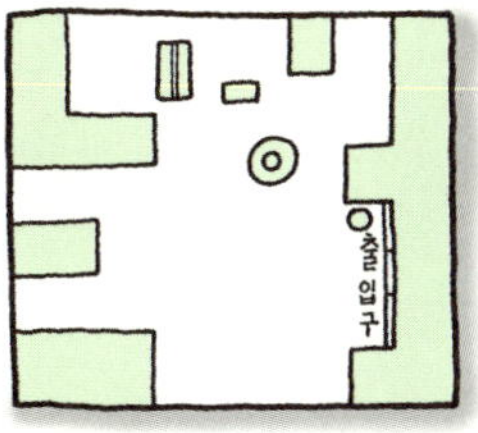

③

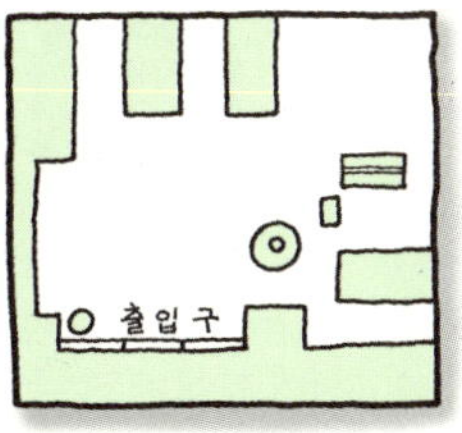

다음 그림은 영희네 집 평면도이다. 이 평면도를 잘 보고 아래에 있는 네 집 가운데 영희네 집을 찾아보라.

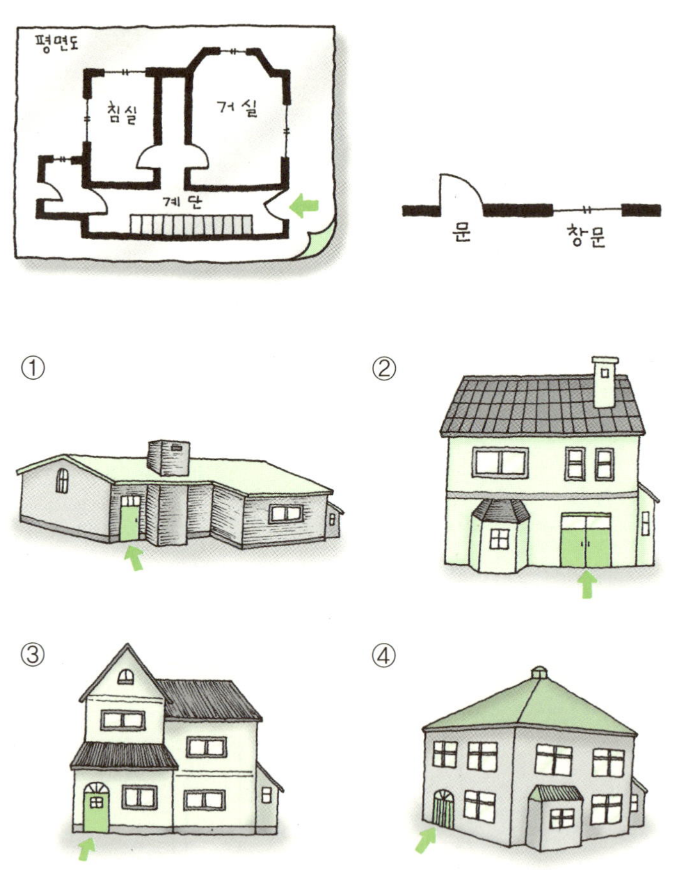

2장
과학 문제 해결력 검사 문제

1. 과학 원리를 응용한 창의성 문제
2. 과학 지식을 활용한 창의성 문제
3. 과학적 추리가 필요한 창의성 문제

과학 문제 해결력을 높이려면 지금까지 밝혀진 과학의 기본 개념과 지식이 어떤 방법과 과정을 거쳐 얻어진 것인지를 이해해야 한다. 그런 과정 속에 이미 창의적인 사고 방법이 함축되어 있기 때문이다. 또 기존에 있던 지식과 개념이 나오기까지의 창의적 사고 방법을 이용하여 새로운 지식을 창출할 수 있도록 노력해야 할 것이다. 과학을 창의적으로 학습하려면 먼저 흥미를 느끼고 관심을 가져야 한다. 흥미를 느끼면 관심의 폭은 더욱 넓어진다. 그 다음 과학의 개념이나 원리를 잘 이해하여야 한다. 그러면 과학 원리를 어떻게 더욱 쉽게 이해할 수 있을까? 가장 좋은 방법은 과학 원리를 일상생활과 연관해 생각해 보는 것이다.

1. 과학 원리를 응용한 창의성 문제

001

※ 다음 실험을 가정해 보고 물음에 답하라.

1,000mL들이 메스실린더에 물을 가득 채워 넣고, 작은 시험관에 물을 반쯤 채운 후, 메스실린더 속에 거꾸로 넣는다. 이때 작은 시험관이 메스실린더 속의 수면에 떠 있도록 해야 한다. 메스실린더의 물을 약간만 쏟은 후, 메스실린더 위를 고무풍선으로 완전히 밀폐하고 손으로 고무풍선을 눌렀다 놓았다 한다.

메스실린더 속의 작은 시험관은 어떤 현상을 나타낼까? 그리고 그런 결과가 나타나는 이유는 무엇일까?

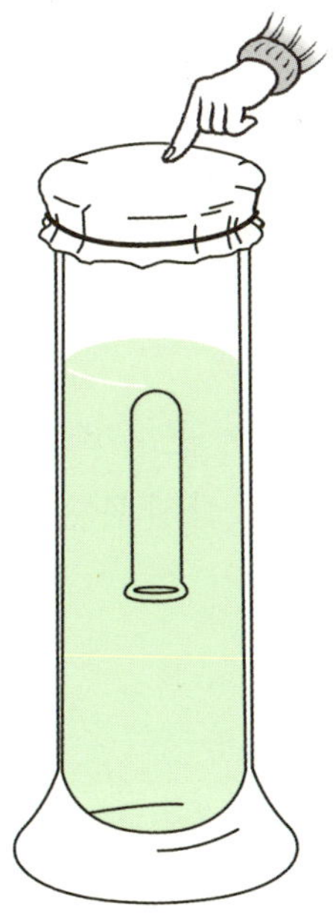

002

 철수는 학교 건물 옥상에서 공 3개를 던지려고 한다. 공을 A, B, C 방향으로 던지되 똑같은 초속도로 던진다면 운동장에 도달할 때 공의 속력은 각각 어떻게 될까?

003

 그림과 같이 큰 수조 속에 물이 가득 찬 풍선 2개가 들어 있는데, 풍선 A는 떠 있고 풍선 B는 밑에 가라앉아 있다. 이런 현상이 일어난 이유는 무엇일까?

염산(HCl)이 물과 반응하면 열과 수증기가 발생한다. 그림과 같이 그릇에 염산을 조금 넣고, 그 가운데에 물이 든 유리컵을 놓아두었을 때, 유리컵 속의 물을 쏟지 않고 염산과 반응을 일으키게 할 수 있는 방법은 무엇일까?

지구 둘레를 도는 두 위성이 있다. 위성 A는 높은 궤도, 위성 B는 낮은 궤도에 있다. 위성 A와 B 중 어느 위성이 더 빨리 운동할까?

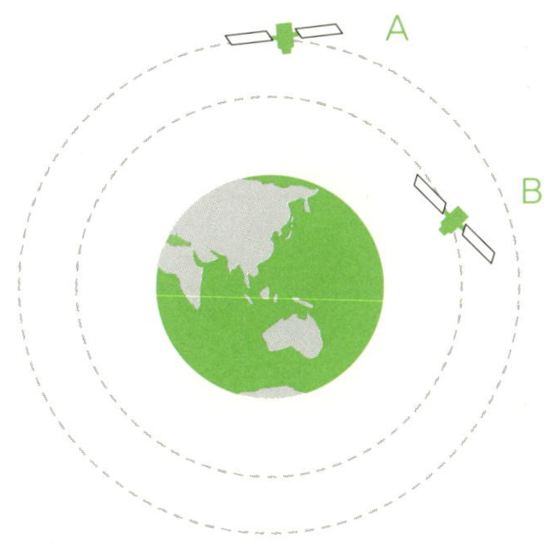

다음 그림은 경작지에 물을 대기 위한 관개수로 도면이다. A에서 H까지의 수문을 열거나 닫아서 필요한 곳에 물을 가두도록 할 수 있다. 이 문제는 물이 관개수로 체계를 따라 흐르지 못하도록 막고 있는 막힌 수문 하나를 찾아 내는 것이다. 영수는 물이 항상 흘러가야 할 곳으로 흐르지는 않는다는 것을 알게 되었다. 영수는 수문들 중 하나가 막혀 있어서, 스위치를 '열림'으로 조절해도 열리지 않는 것이라고 생각했다.

수문	A	B	C	D	E	F	G	H
설정	열림	닫힘	열림	열림	닫힘	열림	닫힘	열림

[표] 수문 스위치의 설정 상태

영수는 수문들의 상태를 점검하기 위하여 [표]와 같이 수문의 스위치를 설정하였다.

이처럼 수문들의 상태를 설정하였을 때 물이 흘러갈 수 있는 가능한 모든 경로들을 그림에 직접 그려 넣어라. (단, 모든 수문들이 점검 상태대로 제대로 작동한다고 가정한다.)

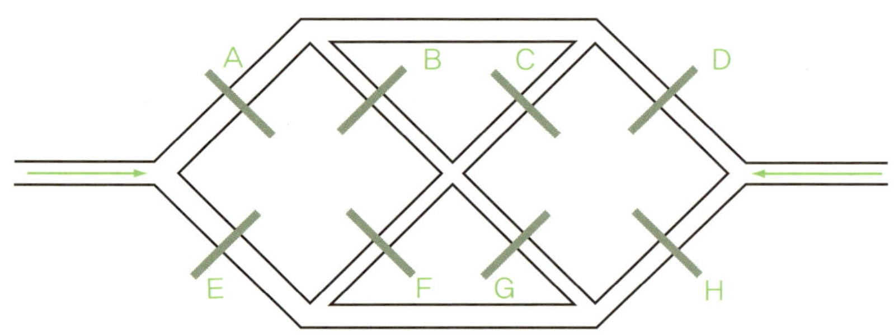

삶은 달걀 껍데기에 숯불 그을음을 골고루 묻혀 검은 색깔로 만든 다음, 이 검은 달걀을 물이 담긴 컵 속에 넣으면 어떻게 보일까? 또, 그 이유는 무엇일까?

거울 2개를 직각으로 벌려서 세운 다음, 그 사이에 손목시계를 비춰 보면
손목시계의 문자판은 어떻게 보일까?

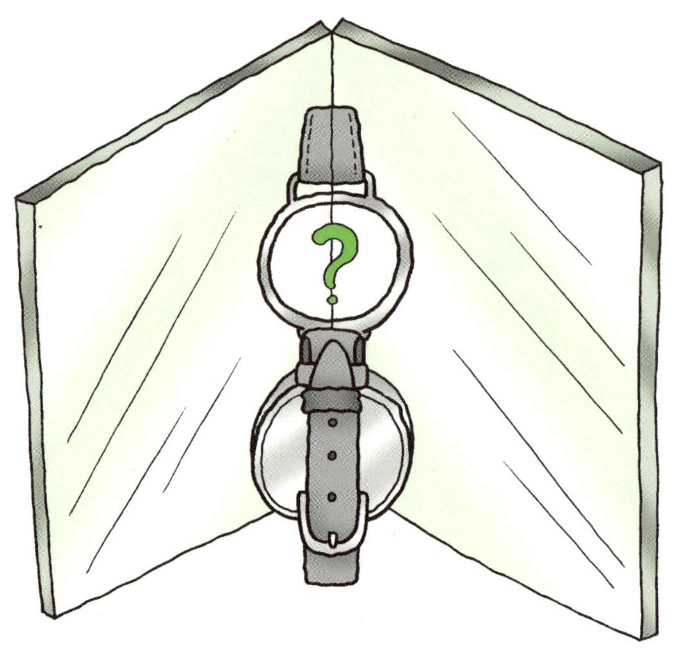

① 그대로 보인다.

② 좌우가 뒤바뀌어 보인다.

③ 상하가 뒤바뀌어 보인다.

사이다를 투명한 컵에 따르고 살펴보면 공기 방울이 생겨 위로 떠오르는 것을 볼 수 있다. 이 컵 속에 포도알을 넣으면 포도알은 어떻게 될까?

① 가라앉는다.

② 떠오른다.

③ 처음에 가라앉았다가 천천히 떠오른다.

010

종이컵 위에 막대 자가 잘 돌아갈 수 있게 설치한다. 한쪽에는 동전을 떨어지지 않게 올려놓고 다른 한쪽에는 투명한 컵을 단단히 붙이고 그림과 같이 촛불을 켜 놓는다. 이렇게 한 다음 동전이 붙어 있는 오른쪽 끝을 화살표 방향으로 돌려 본다. 이때 촛불의 불꽃은 어떻게 움직일까?

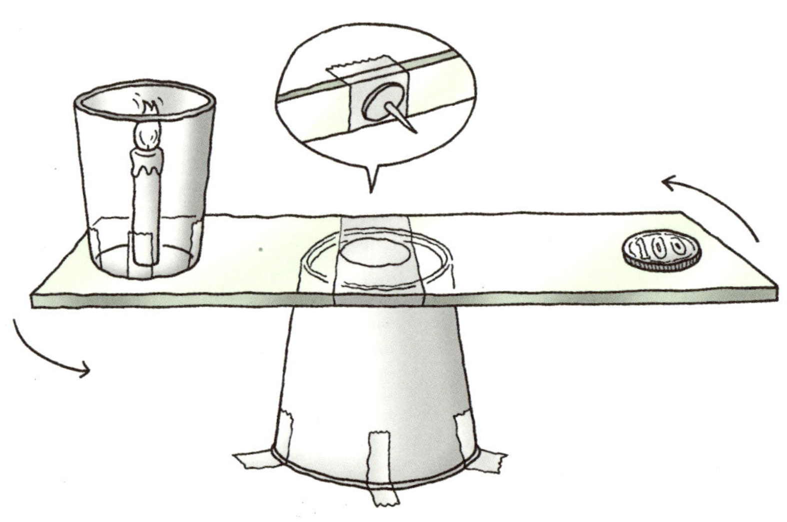

① 안쪽으로 구부러진다.

② 바깥쪽으로 구부러진다.

③ 똑바로 서 있다.

물과 샐러드유가 절반씩 들어 있는 유리병 속에 파란색 잉크 한 방울을 떨어뜨렸을 때 물과 샐러드유의 색깔은 어떻게 될까?

① 샐러드유만 파랗게 물든다.

② 물만 파랗게 물든다.

③ 모두 파랗게 물든다.

A, B, C, D 기어가 서로 맞물려 돌아가고 있다. 화살표는 각각의 기어가
돌아가는 방향을 나타낸 것이다. 이 중 기어가 돌아갈 수 없는 방향으로 표
시된 것이 하나 있다. 어느 것일까?

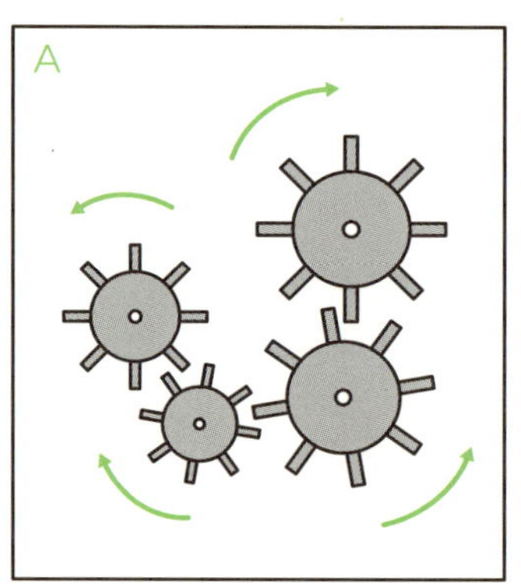

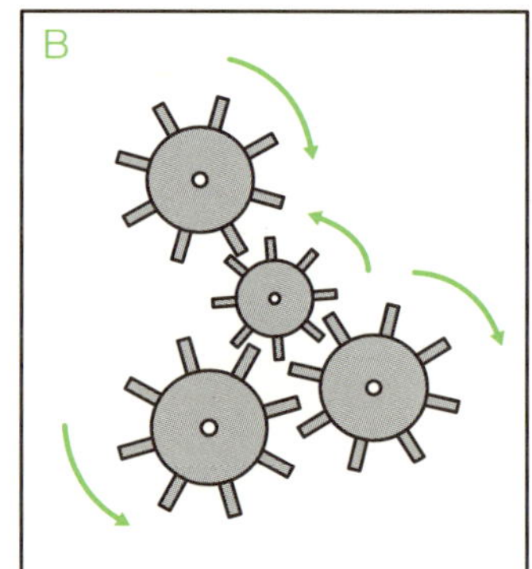

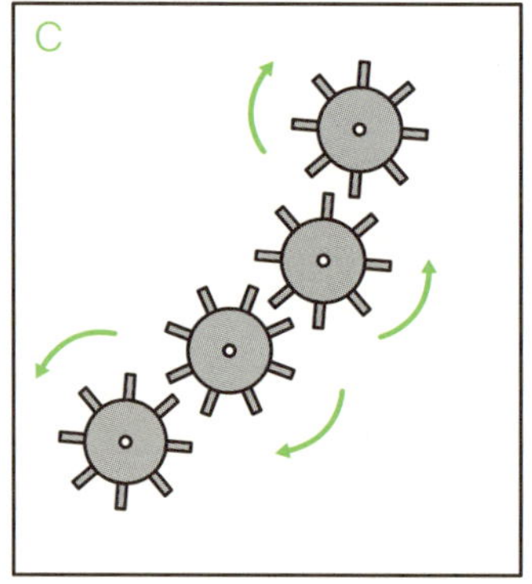

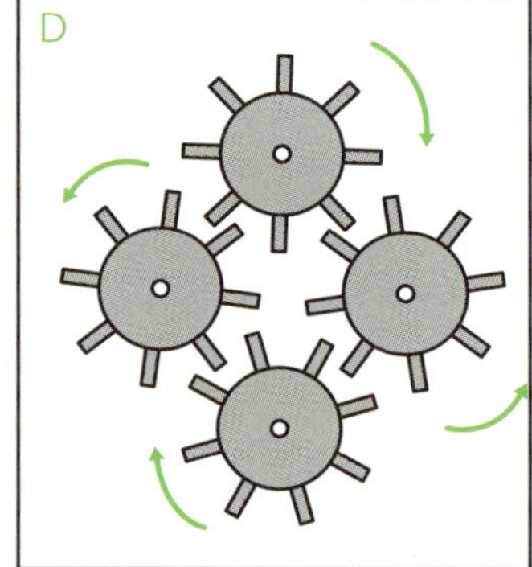

013

박쥐는 입에서 초음파를 발사하고 그 반사음을 귀로 감지해 방향을 잡아 날아다닌다. 그런데 박쥐는 아무런 장애물도 보이지 않는 캄캄한 바다 위를 날면서도 목적지를 찾아간다. 이럴 때 박쥐는 어떻게 방향을 찾을 수 있는지, 다음 가설 중 옳다고 생각되는 것을 고르라.

① 바닷바람 속에서 나는 냄새를 맡고 방향을 찾는다.
② 멀리서 들리는 아주 작은 소리로 방향을 찾는다.
③ 바다 속 해저 지형을 이용해서 방향을 찾는다.

중남미 지방에는 '바실리스크' 라는 도마뱀이 살고 있다. 이 도마뱀은 헤엄도 잘 치고 잠수도 잘 하지만 특히 적에게 쫓기게 되면 물 위를 달려서 도망친다. 바실리스크는 어떻게 물 위를 달릴 수 있을까? 각자 상상하여 답해 보라.

2. 과학 지식을 활용한 창의성 문제

001

플라스틱 페트병 아래쪽 옆면에 송곳으로 작은 구멍을 하나 뚫는다. 그리고 손가락으로 구멍을 막은 채 페트병 속을 물로 가득 채우고 마개를 돌려서 막은 후 손가락을 떼어 본다. 어떤 현상이 일어날까?

002

비행선을 띄워 놓으면 한낮에 햇볕이 뜨거울 때는 팽창하게 될 것이고, 또 기온이 내려가면 수축하여 풍선이 쭈글쭈글해질 수도 있다. 이를 막으려면 어떻게 해야 할까? 비행선이 기온에 따라 팽창과 수축을 하지 않도록 하는 아이디어를 생각하여 써 보라.

003

마른 모래 1L, 젖은 모래 1L를 저울에 올려놓고 무게를 재면 어느 쪽 모래가 더 무거울까?

004

옛날에는 뗏목을 이용해서 짐을 운반하기도 했다. 넓은 강 가운데에 무거운 짐을 실은 뗏목과 가벼운 짐을 실은 뗏목이 있다. 이 두 개의 뗏목 중 어느 쪽이 더 빨리 내려갈 수 있을까?

005

다음 그림과 같이 비커 바닥에 물이 든 풍선이 가라앉아 있다. 이 풍선을
나무젓가락으로 꺼낼 수 있는 방법을 생각해 보라.

006

나방 종류의 애벌레인 자벌레는 왜 몸으로 길이를 재듯이 나아갈까?

다음 [사진 A]는 사막에 사는 붉은 여우 모습이고, [사진 B]는 북극에 사는 북극 흰 여우 모습이다. 이 두 여우는 귀의 크기가 현저히 다르다. 그 이유는 무엇일까?

[사진 A] 사막 붉은 여우

[사진 B] 북극 흰 여우

연못에 떠 있는 개구리밥 1장은 48시간마다 그 수가 배로 증가한다. 어떤 연못의 수면을 100일 만에 개구리밥이 다 덮었다면, 이 연못 수면의 절반을 덮은 때는 며칠째일까?

같은 크기의 병 2개 중 한 병에는 아메바가 1마리 들어 있고 다른 한 병에
는 아메바가 2마리 들어 있다. 아메바 1마리가 2마리로 증식하는 데 1분이
걸리고, 아메바 2마리가 든 병이 가득 차는 데는 1시간이 걸린다면, 아메바
가 1마리 든 병이 가득 차는 데 걸리는 시간은 얼마나 될까?

지구의 북극과 남극은 얼음으로 덮여 있다. 그런데 남극에는 북극보다 얼
음이 8배나 많이 있다. 그 이유는 무엇일까?

011

다음 그림은 비트루비우스의 이론을 토대로 레오나르도 다 빈치가 그린 인체비례도이다. 이 그림에서 알 수 있는 원리는 무엇인가?

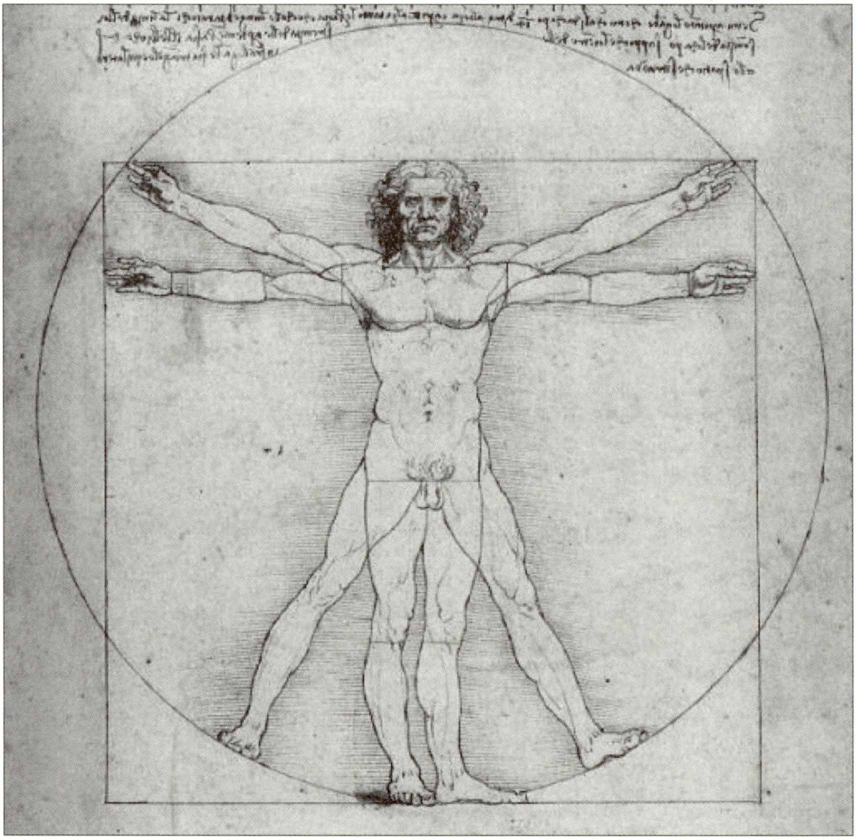

아래 위가 모두 뚫려 있는 유리관이 있다. 이 유리관 밑을 유리판으로 막은 다음 물속에 그대로 넣고 그림과 같이 주전자에 들어 있는 물을 따라 부었다. 이때 유리관에서 밑을 막은 유리판이 떨어지는 것은 물을 어느 정도 넣었을 때일까?

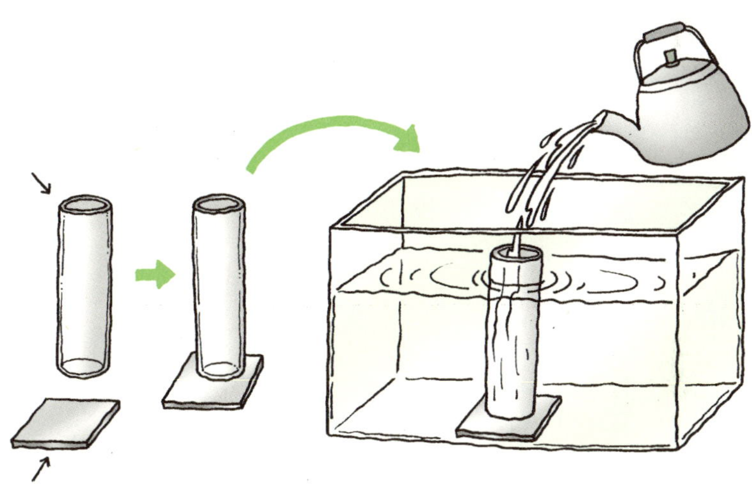

① 유리관의 가운데까지 부었을 때
② 유리관 밖의 수면과 같은 높이까지 부었을 때
③ 유리관 밖의 수면보다 더 높이 부었을 때

자석은 같은 극끼리 마주 보게 하면 서로 밀치고, 다른 극끼리 마주 보게 하면 서로 달라붙는 성질이 있다. 이와 같은 현상은 자석의 모양과 관계없이 나타난다. 그림과 같이 투명한 원통 안에 서로 다른 극을 마주 보게 하여 자석을 쌓아 두면 당연히 붙을 것이다. 만약 서로 같은 극끼리 마주 보게 한다면 저울의 눈금은 어떻게 될까?

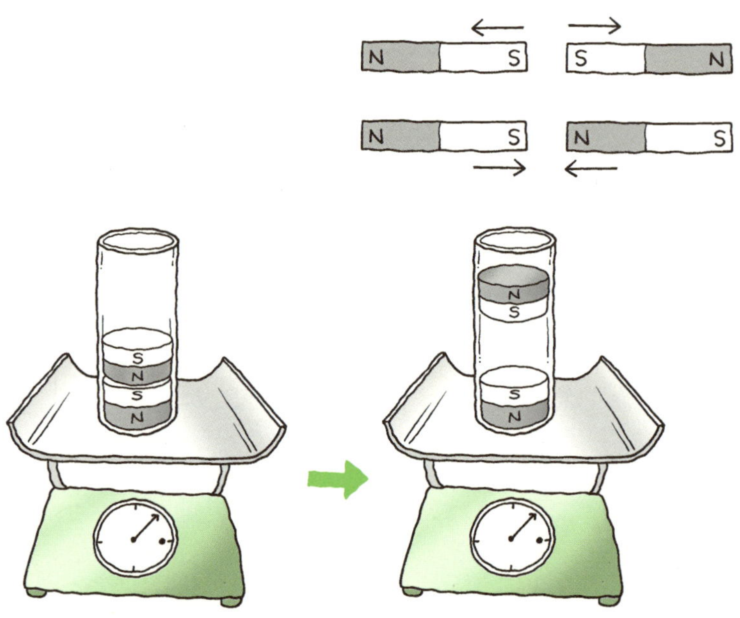

① 1kg보다 더 가벼운 쪽의 눈금을 가리킨다.

② 1kg보다 더 무거운 쪽의 눈금을 가리킨다.

③ 무게는 변화가 없이 그대로 1kg을 가리킨다.

길이와 굵기가 모두 똑같은 양초 7개를 한데 모아서 7개 전부 불을 붙였을 때 촛불의 크기는 어떻게 될까?

① 한가운데 1개만 불꽃이 작아지고, 나머지 6개는 같다.

② 7개의 불꽃 크기는 같고 더 작아진다.

③ 7개의 불꽃 크기는 같고 더 커진다.

가전제품을 살펴보면 W(와트) 표시가 있다. W는 전력을 나타내는 단위로, 증기기관을 발명한 제임스 와트의 이름에서 딴 것이다. 10W짜리 전구 10개를 켜는 것과 100W짜리 전구 1개를 켜는 것 중 어느 쪽이 방을 더 밝게 할까?

① 10W짜리 전구 10개
② 100W짜리 전구 1개
③ 똑같다.

똑같은 크기의 컵에 같은 양의 물을 넣고 윗접시저울로 수평을 잡는다. 여기에 한쪽 접시에는 설탕을, 다른 한쪽 접시에는 같은 무게의 나뭇조각을 올려놓고 수평을 맞춘다. 그런 후 설탕을 컵 속의 물에 녹이고, 다른 쪽 컵에는 나뭇조각을 물에 띄운다면 윗접시저울은 어떻게 될까?

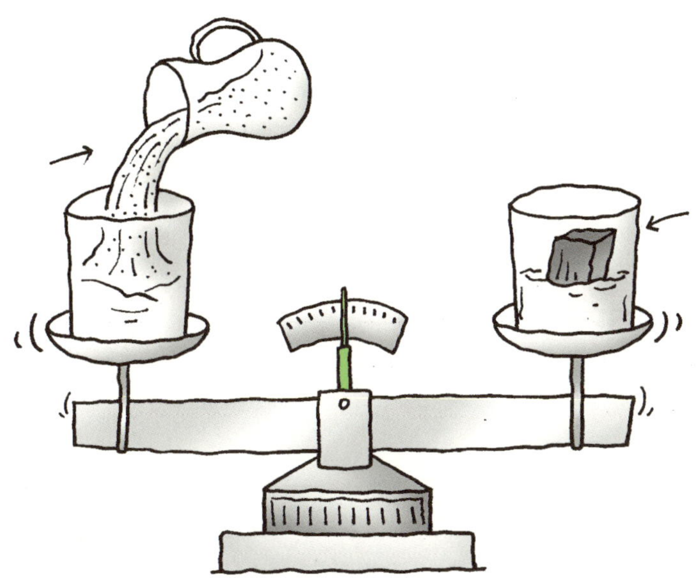

① 설탕을 넣은 쪽이 내려간다.
② 설탕을 넣은 쪽이 올라간다.
③ 수평을 이룬 채 그대로 있다.

고무 밴드를 여러 개 연결한다. 한쪽 끝은 나무막대에 고정하고, 다른 한쪽 끝은 추를 매달아 놓는다. 그런 다음 그림과 같이 위에서부터 고무 밴드에 뜨거운 물을 따라 부으면 고무 밴드의 길이는 어떻게 될까?

① 고무 밴드의 길이는 변하지 않는다.

② 고무 밴드의 길이는 처음보다 줄어든다.

③ 고무 밴드의 길이는 처음보다 늘어난다.

물이 들어 있는 비커에 얼음 한 조각을 띄워 놓았다. 여기에 콩기름을 위에서 조금씩 붓는다면 얼음은 어느 부분에 있게 될까?

① 콩기름 위에 있게 된다.

② 콩기름 가운데 있게 된다.

③ 물과 콩기름 사이에 있게 된다.

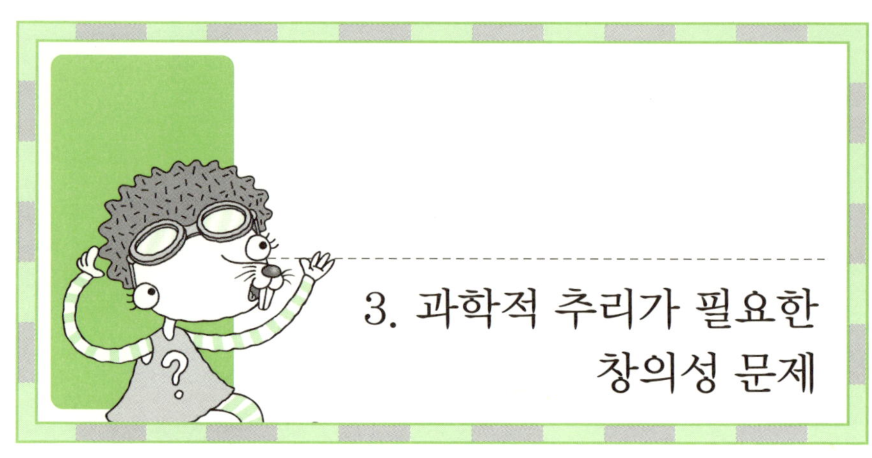

001

우리나라 남부 지방에는 고인돌이 많이 있다. 그림과 같이 무게 10t인 바위를 100kg짜리 바위 2개에 올려놓았다. 중장비도 없었던 옛날에 어떤 방식으로 고인돌을 만들었을까?

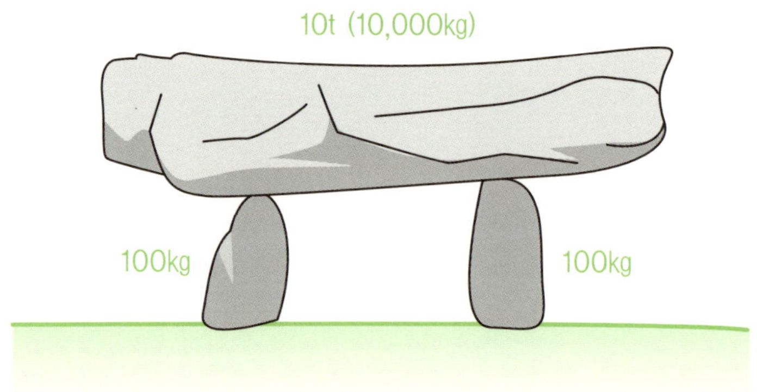

002

무게를 달려면 저울을 이용하면 된다. 그런데 저울의 무게를 달려면 어떻게 하면 될까? 어떤 큰 저울 위에 재고자 하는 작은 저울을 뒤집어서 올려 놓았더니 작은 저울의 눈금이 750g이었다면, 이 무게는 정확한 것일까?

003

못 쓰는 테니스공을 반으로 잘라서 그 반쪽 공을 뒤집어 볼록한 부분이 위를 향하게 하여 바닥에 놓아 보자. 어떤 현상이 일어날까? 또 이러한 현상이 나타나는 이유는 무엇일까?

뜨거운 물을 유리컵에 부으려고 한다. 유리의 두께가 얇은 컵과 두꺼운 컵
중 어느 컵에 부어야 깨지지 않을까?

같은 크기의 드럼통이 2개 있다. 드럼통 하나에는 흙을 20kg 넣고, 다른
드럼통에는 같은 무게의 물을 넣었다. 둘 중 어느 드럼통을 굴리는 게 더
힘이 들까? 아니면 둘 다 똑 같을까?

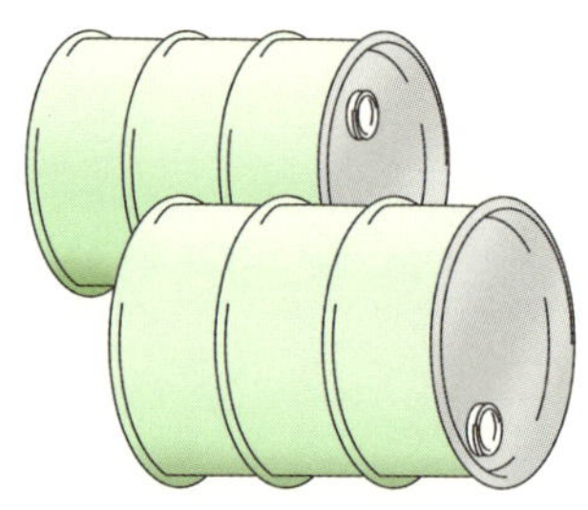

006

헬리콥터에는 앞쪽에 큰 프로펠러가 있고, 뒤쪽에 작은 프로펠러가 있다. 이 2개의 프로펠러는 각각 수평과 수직으로 회전하는데, 헬리콥터에는 왜 프로펠러가 2개 필요할까?

지름이 2m 정도 되는 고무호스를 그림과 같이 둥근 통에 여러 번 감은 후 고무호스의 한쪽 줄을 1m 정도 들어올리고, 깔때기를 꽂아 물을 부어 보자. 고무호스의 다른 한쪽 끝으로 물이 흘러나올까?

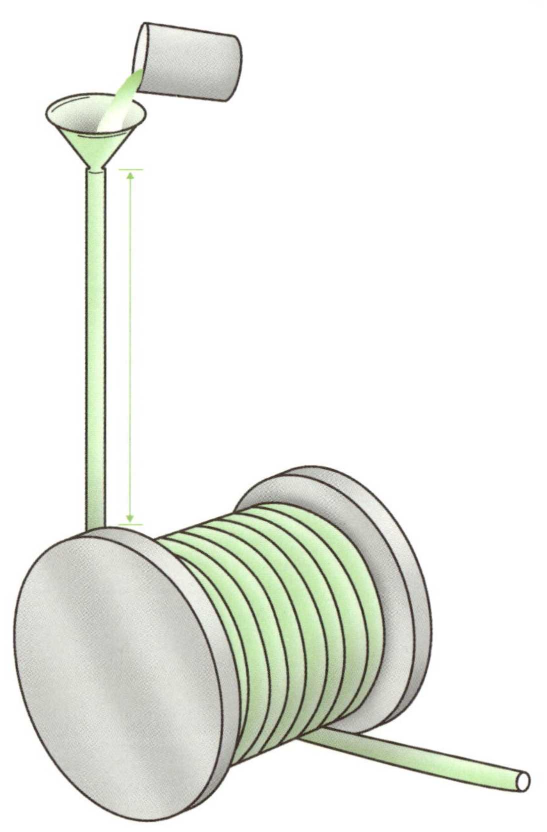

성냥개비를 그림과 같이 가운데 손가락 위와 아래에 놓고, 양 옆의 두 손가락을 이용하여 부러뜨려 보자. 성냥개비를 부러뜨릴 수 없는 경우가 있을 것이다.그 이유는 무엇일까?

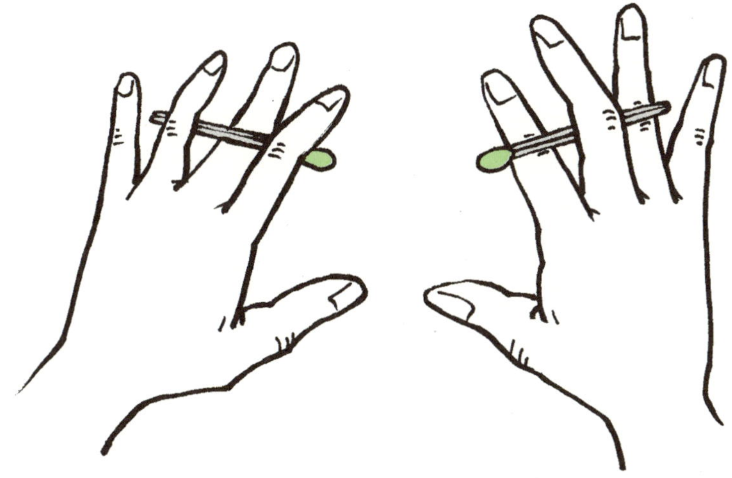

그림과 같은 병 3개를 뜨거운 물에 넣으면 병 속에 들어 있는 공기의 부피가 늘어나 병 속의 물을 밀게 된다. 그러면 빨대를 통해 물이 가장 높이 뿜어져 오르는 것은 공기가 많이 들어 있는 병일까, 조금 들어 있는 병일까? 아니면 공기가 거의 없이 물만 들어 있는 병일까?

10원짜리 동전의 아래쪽에 고무 찰흙을 붙이고 그림과 같이 돌리면 동전은 어떻게 회전할까?

① 고무 찰흙을 붙인 부분이 밑으로 향한 채 회전한다.

② 고무 찰흙을 붙인 부분이 위로 향한 채 회전한다.

③ 고무 찰흙을 붙인 부분이 위와 아래로 올라갔다 내려갔다 하면서 회전한다.

종이컵 위에 그림과 같은 장치를 한 다음 유리구슬을 막대자의 한쪽 끝에 올려놓는다. 그리고 동전이 붙어 있는 오른쪽 끝을 화살표 방향으로 돌려 보자. 이때 유리구슬은 어느 방향으로 날아갈까?

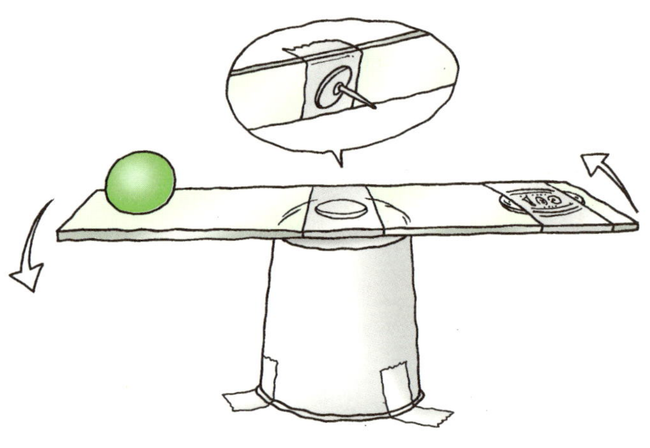

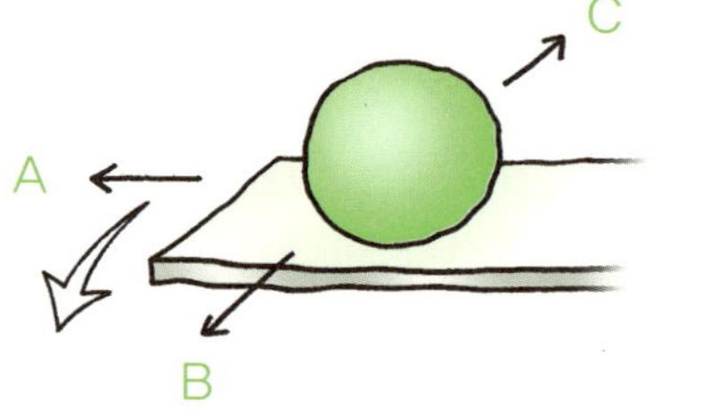

① A 방향
② B 방향
③ C 방향

3장

수학 문제 해결력 검사 문제

1. 수학 원리를 응용한 창의성 문제
2. 수학 지식을 활용한 창의성 문제
3. 수학적 논리가 필요한 창의성 문제

수학을 하는 것은 마치 기초 체력을 단련하기 위해 체조를 하듯이 우리의 사고 능력을 단련하기 위해 정신적인 체조를 하는 것과 같다. 수학 문제 해결력을 키우기 위해서는 스스로 탐구하고 생각해 답을 찾는 과정이 중요하다. 수학적 힘을 개발하려면 수학적으로 사고하는 습관을 가져야 하고, 수학적 사실이 이루어지는 이유를 명확하게 알아야 한다.

문제 해결 과정에서 드러나는 수학적 능력은 제시된 문제에 내포된 수학적 사실을 형식화하여 인식하는 능력, 기호를 이용하여 논리적으로 사고하는 능력, 신속하게 일반화할 수 있는 능력, 유연하게 사고하여 합리적인 해결 방법을 찾는 능력 등으로 구성되어 있다.

001

다음 도형 A, B, C, D를 보고 각각의 문제를 풀어 보라.

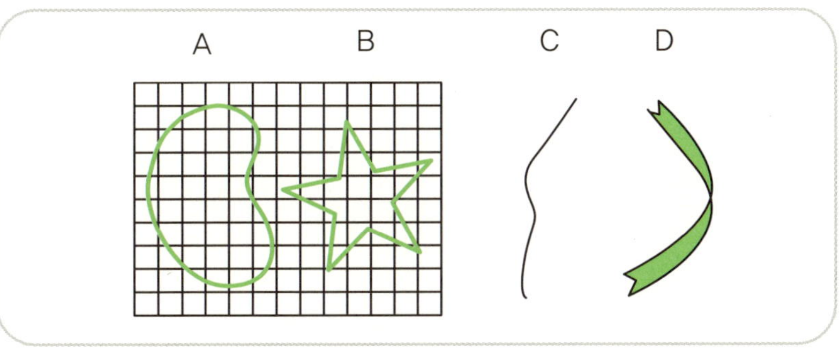

- 도형 A에서 곡선으로 둘러싸인 부분의 면적은 얼마인가?

- 도형 B에서 별 모양의 면적은 어떻게 구해야 하는가?

- 도형 C에서 선분의 길이는 얼마나 될까?

- 도형 D에서 리본 전체의 길이는 어떻게 하면 잴 수 있을까?

다음 나열되어 있는 문자와 숫자는 어떤 규칙성을 갖고 있다. 빈칸에 들어갈 문자와 숫자는 무엇이 될까?

A

A1

A111

A113

A11231

A112213111

?

옛날 어느 마을에 부자가 살고 있었는데 죽으면서 세 아들에게 소 17마리를 유산으로 물려 주며 큰 아들에게는 전체의 $\frac{1}{2}$ 을, 둘째 아들에게는 $\frac{1}{3}$ 을, 그리고 셋째 아들에게는 $\frac{1}{9}$ 을 주라고 유언하였다. 이 세 아들들이 아버지의 유언대로 소들을 나누는 방법을 생각해 보았으나 쉽게 해결되지 않았다. 이때 소를 몰고 가던 한 노인이 세 아들이 모두 만족하도록 소들을 분배해 주었다. 이 노인은 어떤 방법으로 소들을 나누었을까? (단, 소를 죽여 나누어선 안 된다.)

004

다음은 일정한 규칙성을 가진 숫자들의 배열이다. □에 들어갈 숫자는 무엇일까?

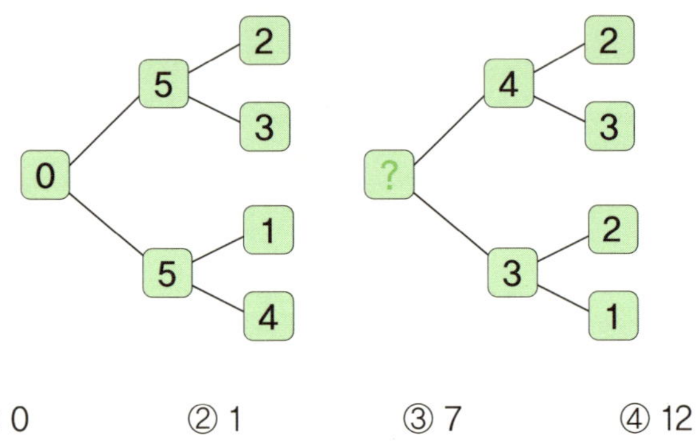

① 0　　　　② 1　　　　③ 7　　　　④ 12

다음은 일정한 규칙성을 가진 숫자들의 배열이다. □에 들어갈 숫자는 무엇일까?

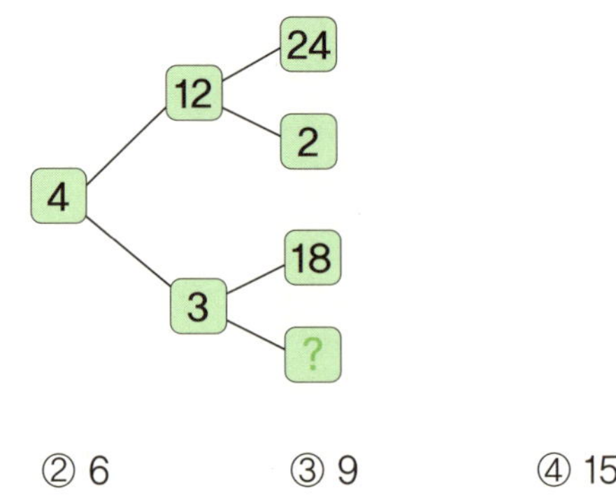

① 3　　　　② 6　　　　③ 9　　　　④ 15

다음과 같이 1에서 64까지의 숫자가 쓰여 있는 카드에서 대각선 방향으로
1 → 64 쓰인 숫자의 합은 얼마인가? 직접 더하지 말고 풀어 보라.

1	2	3	4	5	6	7	8
9	10	11	12	13	14	15	16
17	18	19	20	21	22	23	24
25	26	27	28	29	30	31	32
33	34	35	36	37	38	39	40
41	42	43	44	45	46	47	48
49	50	51	52	53	54	55	56
57	58	59	60	61	62	63	64

007

사각 수조에 물이 들어 있다. 이 수조 속의 물을 다른 어떤 보조 도구나 기구를 사용하지 않고 정확히 $\frac{1}{4}$ 만 분리할 수 있는 방법을 찾아보라.

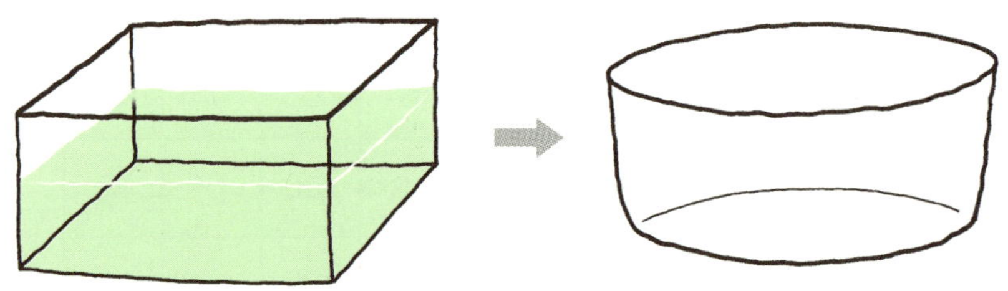

허철 선수는 농구 시합에서 2점슛과 3점슛을 합쳐 13골을 성공해 총 31 득점을 하였다. 그러면 이 시합에서 허철 선수가 성공한 3점슛은 모두 몇 골일까?

이상엽 선수의 올해 연봉은 작년 연봉보다 25% 올린 금액과 400만 달러의 성과급이다. 이 금액은 이상엽 선수의 작년 연봉보다 75% 올린 금액과 같다. 그러면 이상엽 선수의 올해 연봉은 얼마일까?

다음 숫자판은 입구에서 출구까지의 지름길을 숫자로 나타낸 미로이다. 3으로 나누어 떨어지지 않는 곳에는 함정이 있다. 정확하게 3의 배수만을 찾아 출구까지 길을 개척해 보라.

3	21	51	29	40	71	50	68	94	79
16	13	18	52	8	35	76	54	87	102
32	4	45	17	67	81	93	72	58	60
46	24	39	43	55	12	34	62	89	48
22	42	19	11	36	66	41	92	65	96
53	27	14	38	75	31	85	100	84	63
10	6	30	47	9	82	7	98	90	59
49	23	57	15	33	64	91	83	69	73
5	37	26	61	56	25	86	97	78	99

3명의 손님이 커트와 면도를 해 달라고 동시에 이발소로 왔는데 이발사는 두 사람밖에 없다. 두 이발사가 이발하는 속도는 같다. 한 사람 커트를 하는 데는 15분, 면도를 하는 데는 5분이 걸린다. 손님들은 모두 빨리 해 달라고 한다. 어떻게 하는 게 가장 효율적일까? 그리고 손님 모두 이발을 마치는 데 몇 분이 걸릴까?

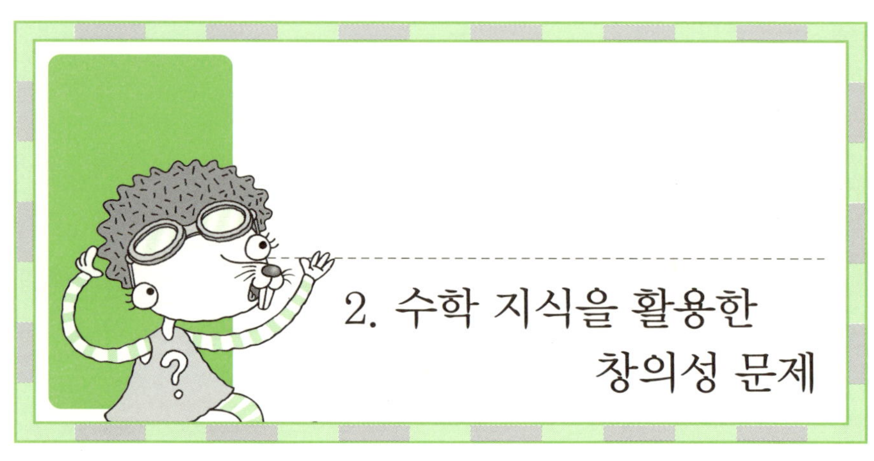

2. 수학 지식을 활용한 창의성 문제

001

우리나라도 KTX 고속전철 시대에 접어들었다. 서울역과 부산역에서 오전 7시부터 한 시간 간격으로 각각 하행선, 상행선이 동시에 출발한다면 오전 10시에 서울역을 출발한 하행선 고속전철이 부산역에 도착하기까지 몇 대의 상행선 고속전철과 스쳐 지나가게 되겠는가? (단, 서울에서 부산까지 고속전철로 가는 데 걸리는 시간은 3시간 10분이라고 가정한다.)

002

장난감 가게에서 성탄절 기념으로 곰 인형을 특별 세일한다. 한정 판매로 5,500원에 곰 인형 2개를 준다는 것이다. 세일 기간은 단 2주뿐이다. 영희는 3,500원을 저축해 둔 게 있고, 일주일에 500원씩 용돈을 받는다. 영희는 세일 기간이 끝나기 전에 곰 인형을 살 수 있을까?

003

소문난 딸부잣 집 5공주인 일순이, 이순이, 삼순이, 사순이, 오순이가 각자 세배를 다니면서 세뱃돈을 받았다. 삼순이와 사순이가 받은 세뱃돈을 합하면 오순이가 받은 세뱃돈의 2배가 되고, 사순이가 받은 세뱃돈은 이순이가 받은 것보다 적었다. 그리고 일순이와 이순이의 세뱃돈을 합하면 삼순이와 사순이의 세뱃돈을 합한 것과 같았다. 사순이와 오순이의 세뱃돈을 비교하면 사순이가 많았다. 이 다섯 사람 중 누가 가장 많은 세뱃돈을 받았을까?

004

철수는 주머니 속에 10원, 50원, 100원짜리 동전 7개를 갖고 있다. 50원은 동전 100원보다 수가 많고, 100원의 수는 10원의 수보다 많다면 철수 주머니 속에 들어 있는 동전 7개를 모두 합한 값은 얼마일까?

005

어느 신발 가게에서 운동화를 20% 세일해서 판다고 한다. 영수는 운동화를 사려고 했으나 돈이 모자라 운동화 값의 $\frac{3}{4}$인 30,000원만 미리 주고 나머지는 다음날 갖다 주기로 했다. 그러면 세일 전 운동화 가격은 얼마였을까?

선생님이 영희와 철수에게 사과를 나눠 주려고 한다. 선생님은 1개의 그릇으로 사과를 나누는데 그 그릇에는 늘 똑같은 수의 사과가 담긴다. 영희의 바구니에는 사과를 5번 담아 옮긴 다음 8개를 빼냈다. 철수의 바구니에는 사과를 3번 담아 옮긴 다음 2개 더 넣었다. 영희와 철수에게 줄 사과의 개수는 똑같다. 그렇다면 한 번에 그릇에 담아 옮긴 사과는 몇 개일까?

007

임의의 오각형에 한 개의 직선만을 그어서 오각형의 변과 직선이 네 곳 이상 교차할 수 있는 방법을 고안하라.

008

영희는 1부터 100까지의 숫자 중 하나를 생각하고 있다. 영희가 생각하고 있는 이 수는 다음 조건을 만족하고 있다.

- 3의 배수보다 1이 많다.
- 5의 배수보다 1이 적다.
- 50보다 많다.
- 각 자리의 숫자의 합은 짝수이다.
- 짝수이다.

이 수는 얼마일까?

009

접시에 사과가 5개 있다. 이 사과를 10명이 나누어 먹었다. 사과를 모두 먹는 데 걸리는 시간은 3분이었다. 그러면 1명이 1개의 사과를 먹는 데는 몇 분이나 걸릴까?

010

그림처럼 생긴 1.8L들이 되가 있다. 다른 측량 도구 없이 되로 참깨 0.9L를 정확히 잴 수 있는 방법은 없을까? 또 0.3L를 재려면 어떻게 하면 될까?

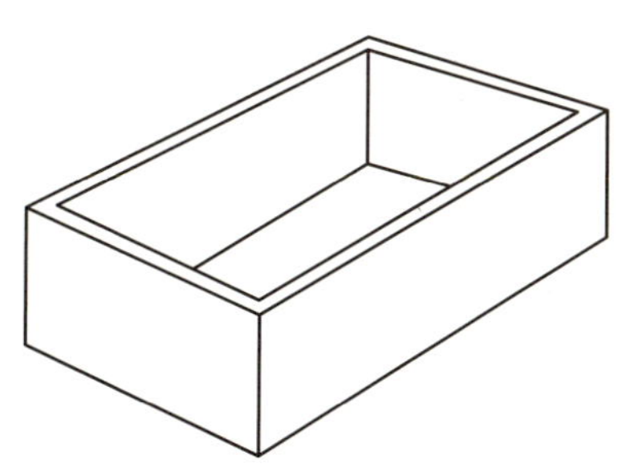

1,000g인 오이의 무게 중 99%가 물로 이루어졌다고 한다. 이 오이는 3일
이 지나는 동안 수분이 증발해서 무게 중 98%가 줄었다. 물 이외에 오이를
구성하는 물질의 무게는 줄지 않았다고 가정하면, 3일 후 오이의 무게는
몇 g이 되겠는가?

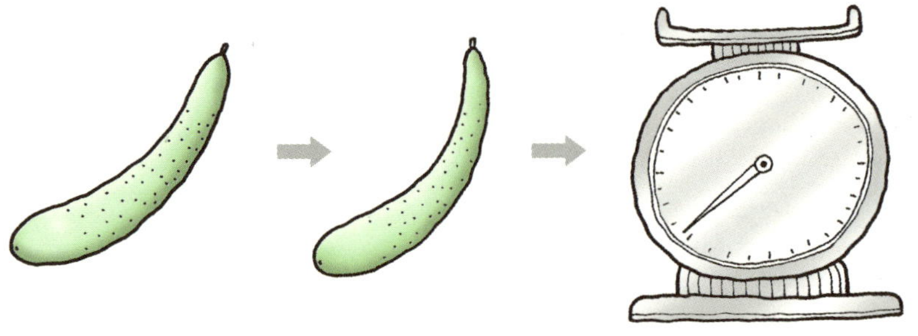

012

어떤 나라의 임금님이 '금 100g을 사용해서 만든 반지'를 4명의 상인 A, B, C, D에게 각각 5개씩 만들어 오게 하였다. 그런데 한 상인만은 5개 모두 100g에서 1g이 부족한 반지를 만들어 와서 시치미를 떼고 임금님 앞에 내밀었다. 하지만 임금님은 1g까지 정확히 잴 수 있는 저울을 단 한 번만 사용하고서 자기를 속이려 했던 상인을 찾아냈다. 어떤 방법이었을까?

농도 5%의 소금물 200g에서 물을 증발시켜 농도 8%의 소금물로 만들려면 물 몇 g을 증발시켜야 할까?

다음과 같은 크기의 그릇에, 1분에 0.3m³씩 물이 채워지고 있다면, 이 그릇을 모두 채우는 데 걸리는 시간은 몇 분일까?

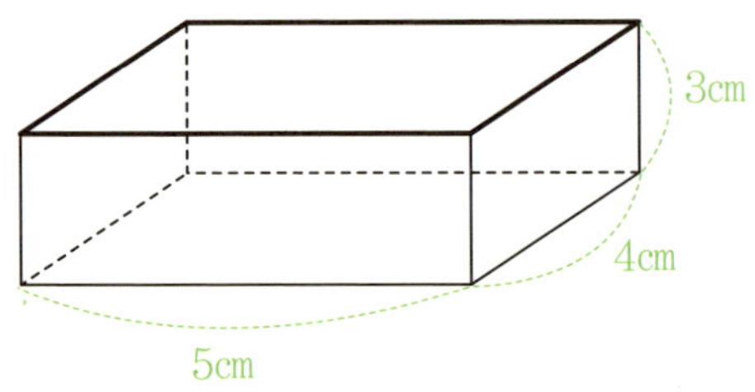

포경선이 큰 고래를 잡아서 크기를 재어 보니 머리 길이는 40m이고, 꼬리 길이는 머리 길이의 절반과 몸통 길이의 절반을 합한 것과 같으며, 몸통 길이는 전체 몸길이의 절반이었다. 이 고래의 전체 몸길이는 얼마나 될까?

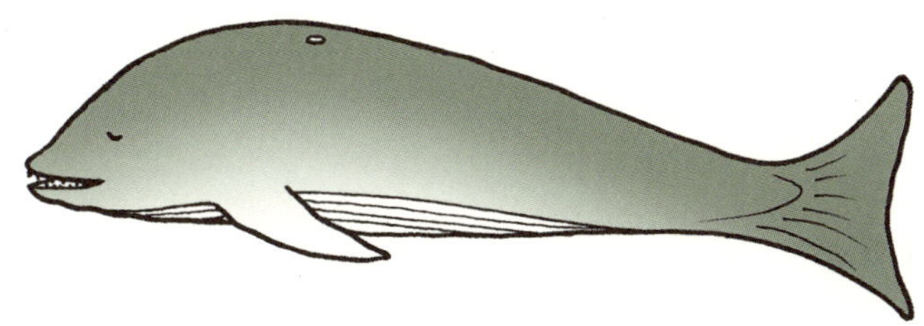

다음 그림과 같이 3L들이 물통과 5L들이 물통이 있다. 이 2개의 물통을 이용하여 물 4L를 정확히 덜어내려면 어떻게 해야 할까?

깊이가 3m인 우물 바닥에 달팽이 한 마리가 살고 있다. 이 달팽이는 낮 동안 30cm 기어오르고 밤 사이 20cm 미끄러져 내려간다. 이 달팽이가 우물 밖으로 나오려면 며칠이 걸릴까?

그릇에 좁쌀이 많이 들어 있다. 이 좁쌀 중에서 10g만 덜어 내려고 하는데 저울은 없고 70g들이 큰 컵과 50g들이 작은 컵 두 개밖에 없다. 어떻게 하면 될까?

철수가 사는 마을에는 그림과 같은 정사각형 연못이 있다. 그리고 그 네 모퉁이에는 오래된 느티나무가 심어져 있다.

어느 날 마을 회의에서 이 연못을 2배로 크게 하자는 의견이 나와 넓히기로 결정하였다. 모양은 정사각형으로 만들기로 하였다. 그러나 난처한 문제가 생겼다. 마을의 주민들이 오래된 느티나무를 베거나 옮겨 심기를 반대하는 것이었다. 물론 연못 속에 넣어도 안 된다. 즉 연못은 2배로, 그것도 정사각형으로 넓히면서 나무는 그대로 두어야 한다. 어떤 방법이 있을까?

3. 수학적 논리가 필요한 창의성 문제

001

어떤 사람이 한 울타리 안에 토끼와 닭을 함께 키우고 있었다. 토끼와 닭의 머리 수를 세어 보니 15개였고, 다리 수를 세어 보니 40개였다. 이 사람이 키우고 있는 토끼와 닭의 마리 수를 각각 알아낼 수 있는 방법을 설명해 보라. (단, 방정식을 사용해서는 안 된다.)

어느 고등학교의 학생 수가 학년 당 300명씩 총 900명이다. 그런데 이 학교에서는 학생 수를 2배로 늘릴 계획을 세우고 내년도 신입생 모집부터 시작하여 매년 그 전년도보다 100명씩을 증원하여 뽑기로 했다. 정원이 2배가 되려면 몇 년이 지나야 할까? (단, 매년 한 사람도 빠지지 않고 졸업한다.)

그림과 같이 도로의 폭이 16m인 4차선 도로에서 자동차가 54km/h의 속력으로 달리고 있는데 신호등이 없는 횡단보도를 한 사람이 건너고 있다. 3.6km/h의 속력으로 걷는 사람은 자동차가 횡단보도 좌우 전방 몇 m에 오기 전에 건너야 안전할까?

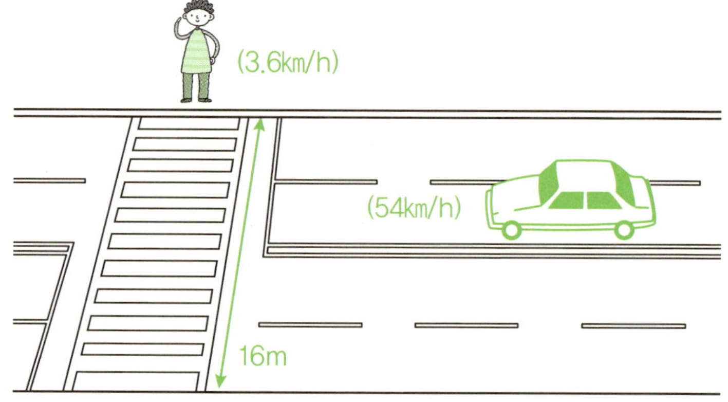

다음 그림과 같이 가로, 세로, 높이가 각각 30cm인 정육면체의 상자 안에 가로 20cm, 세로 20cm, 높이 10cm인 직육면체의 상자를 최대한 많이 넣을 수 있는 방법을 찾아보라.

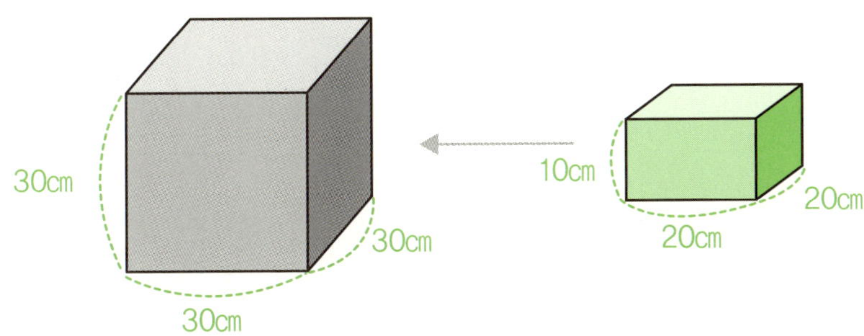

6t 트럭이 화물을 실은 채 폭 8m, 길이 5m인 일방통행 다리를 건너려고 한다. 그런데 다리의 통과 무게는 5t이기 때문에 무게가 조금만 무거워도 다리가 무너지게 된다. 어떻게 하면 트럭이 무사히 다리를 건너갈 수 있을까? (단, 트럭의 길이는 4.9m이다.)

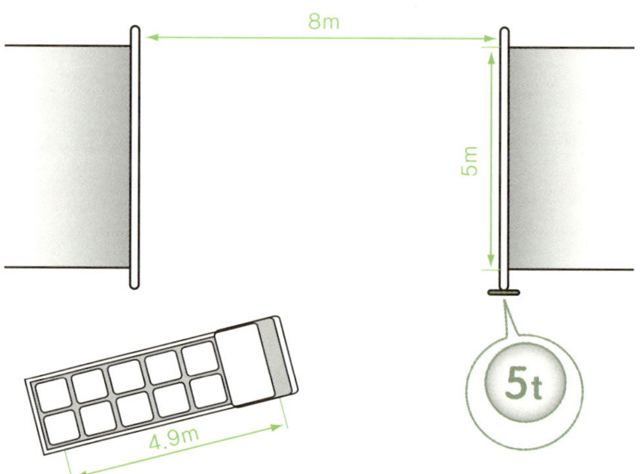

은 접시를 10개씩 높이 쌓아 올린 무더기 10개가 있다. 이 무더기 중 하나는 전부 가짜 은 접시이다. 진짜 은 접시 1개의 무게는 10g이고 가짜 은 접시는 그보다 1g 더 무거운 11g이다. 저울을 한 번만 사용해서 가짜 은 접시 무더기를 가려내는 방법은 무엇일까?

그리스 아테네 올림픽 때 한국 여자 핸드볼 팀이 영광스런 은메달을 차지
했다. 선수 6명과 코치 1명이 서로 격려하기 위해 악수를 한다면 모두 몇
번이나 악수를 해야 할까?

008

길이 4m 끈을 절반으로 접은 다음, 다시 한 번 반으로 접은 후 한가운데를
가위로 자르면 몇 m짜리 끈이 몇 개나 만들어질까?

어떤 사람이 치명적인 병에 걸렸다. 병원에서는 A약, B약 각각 3개씩 모두 6알의 치료약을 처방해 줬다. 의사는 A약 1개와 B약 1개씩 3일 동안 먹으면 병이 치료될 수 있다고 했다. 그런데 문제가 생겼다. 이 사람이 첫날 약을 먹으려고 A약병에서 1개를 손바닥에 꺼냈다. 그리고 B약병에서 약을 꺼내는데 그만 2개가 한꺼번에 쏟아져 나왔다. 그런데 A약, B약은 모양, 크기, 색깔이 모두 같다. 그 환자의 손바닥에는 완전히 같은 모양의 알약이 3개 놓여져 있다. 만일 B약 2개를 한꺼번에 먹으면 죽는다. 이 3개의 알약을 어떻게 구분하여 A약 1개, B약 1개를 먹을 수 있을까?

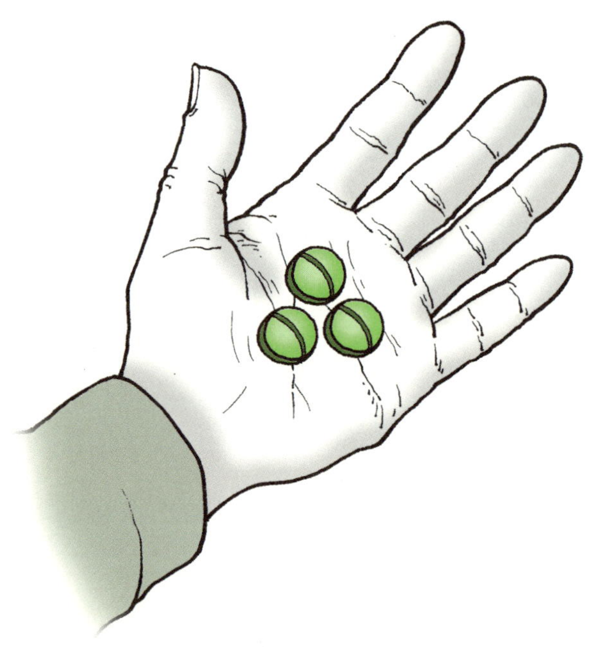

010

스님 100명에게 만두 100개를 나누어 주려고 한다. '큰 스님' 들에게는 1인
당 3개씩 나누어 주고 '작은 스님' 들에게는 3인당 1개씩을 나누어 주면 만
두를 모두 나눌 수 있다. 그러면 '작은 스님' 은 모두 몇 명일까?

011

이 문제는 최상의 여행 코스를 계획하는 문제이다. [그림 1]과 [그림 2]는
어떤 지역의 도시간 거리를 나타낸 것이다.

[그림 1]
예정 도시들 사이의
거리를 나타낸 지도

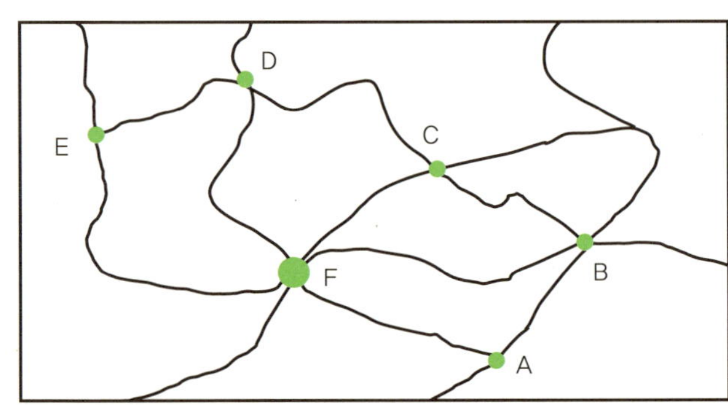

[그림 2]
각 도시들 간의 거리
(단위 : Km)

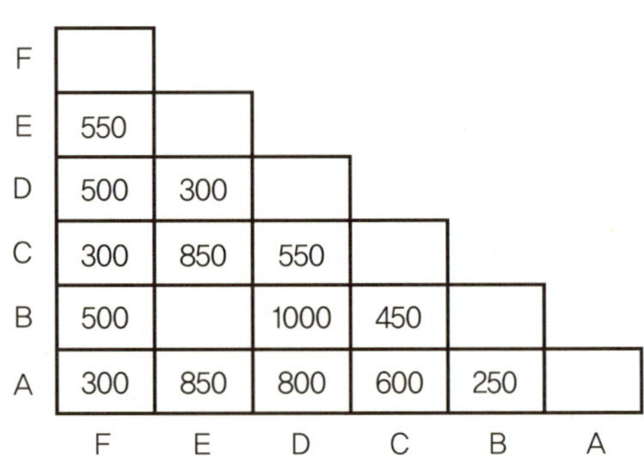

	F	E	D	C	B	A
E	550					
D	500	300				
C	300	850	550			
B	500		1000	450		
A	300	850	800	600	250	

물음 : 위의 두 그림을 보고 B에서 E 사이의 최단거리를 계산하라.

거리 _________________Km

다음 [그림 A] 측면도는 [그림 B]를 어느 한쪽에서 보고 그린 것이다. 동, 서, 남, 북 중 어느 쪽에서 보고 그린 것일까?

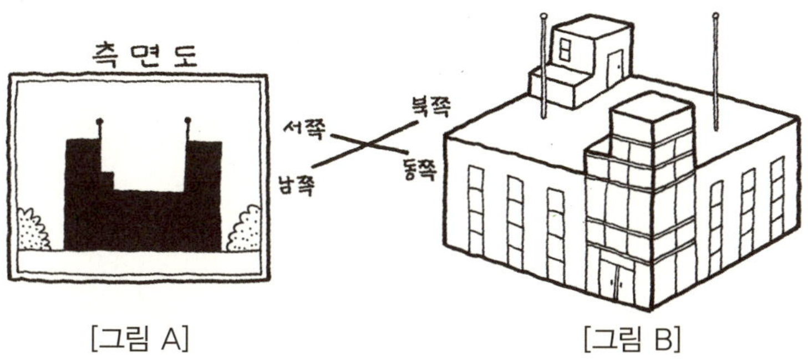

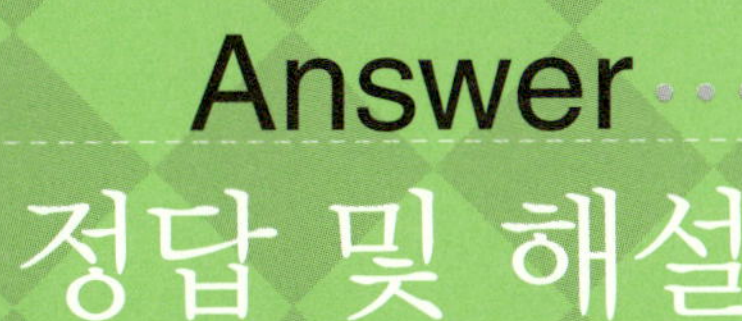

Answer
정답 및 해설

Answer···

1. 도형 속에 숨겨진 창의성 문제

① 도형 변화 문제

001 정답은 ④이다. 시계 반대 방향으로 45°
돌린 것이다.

002 정답은 ③이다. 뒤집히고 작게 변화된 것
을 찾으면 된다.

003 정답은 ⑤이다. 크기가 커지고 속의 모양
이 뒤집힌 것을 찾으면 된다.

004 정답은 ④이다. 반으로 갈라져 위 아래로
뒤집히고 속의 것은 세워진 것을 찾으면
된다.

005 정답은 ②이다. 바로 세워진 후 속의 것
이 둘로 는 것을 찾으면 된다.

006 정답은 ⑤이다. 도형을 90° 돌린 것이다.

007 정답은 ②이다. 위아래 위치를 바꾸고
90° 돌린 것이다.

008 정답은 ③이다. 가로에는 원, 네모, 세모
가 모두 있어야 하므로 세모가 들어가야
하고, 아래쪽만 진하게 칠해진 것이 와야
할 순서이다.

009 정답은 ④이다. 모양과 위치, 색깔들이
나열되어 있는 규칙성을 찾으면 사각형
과 동그라미는 두 번째 칸에서 90°, 세

번째 칸에서 180° 회전했다.

010 정답은 ①이다. 가운데 작은 삼각형은 크
기는 그대로 유지되고 점만 4개로 증가
한다. 제일 바깥 도형이 가운데 있는 모
양으로 변화해 간다.

011 정답은 ⑤이다. 각 꼭지점의 모양과 빗
면 A의 위치를 중심으로 다른 하나를 고
른다.

012 정답은 ④이다. 부호의 배열은 시계 반대
방향으로 회전하고 가운데 도형은 앞의
것과 전혀 다른 것이 와야 한다.

② 매트릭스 문제

001 정답은 ②이다. 가로 열의 세 번째와, 세
로 열의 세 번째 도형은 앞 두 칸 모양의
공통 부분만 표시한 것이다.

002 정답은 ②이다. 가로, 세로 칸에 각각 다
른 모양이 들어가야 하고 동그라미는 2
개가 있어야 한다.

003 정답은 ②이다. 직선의 수와 꺾은 선의
수, 그리고 원의 위치를 확인한다.

004 정답은 ③이다.
첫째 칸 도형 + 둘째 칸 도형 = 셋째 칸
도형이 된다.

005 정답은 ③이다. 정방형은 아래로 갈수록

작아지며 오른쪽으로 갈수록 $\frac{1}{8}$ 회전한 다. 타원형은 아래로 갈수록 커지며 $\frac{1}{8}$ 회전한다.

006 정답은 ③이다.
첫째 칸 도형 - 둘째 칸 도형 = 셋째 칸 도형이 된다.

③ 도형 응용 문제

001 다음 그림과 같이 논을 넷으로 나누면 된다.

002 시계 방향으로 90°씩 회전하고 있다. 다섯 번째 들어갈 도형의 모양은 다음과 같다.

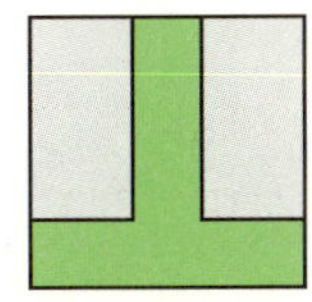

003 다음 그림과 같이 나누어 주면 된다.

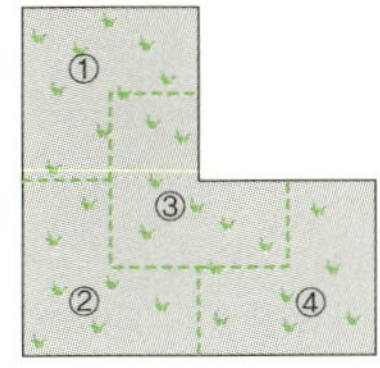

004 다음과 같이 그리면 된다.

005 두 가지 방법이 있다.

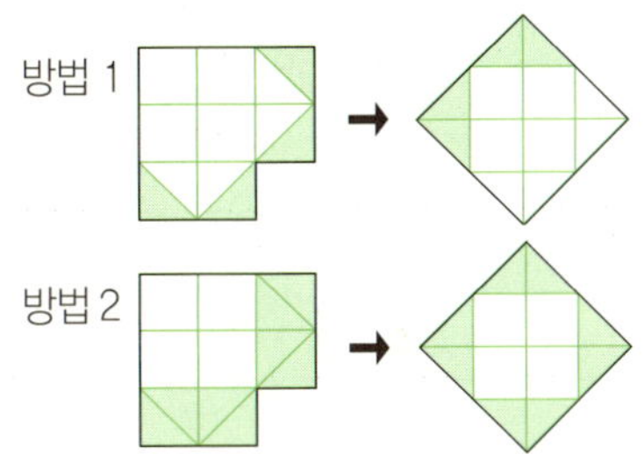

006 방정식의 원리를 도형으로 나타낸 것이다.

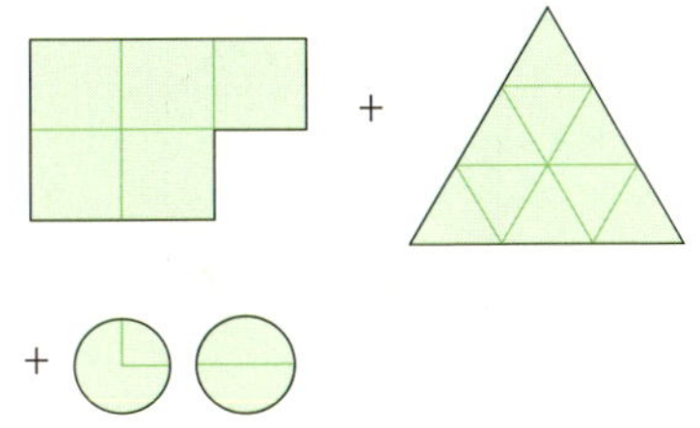

007 다음 그림처럼 도형의 가운데에 선을 그어 보면 쉽게 알 수 있는데 전체의 모양에서 어떤 법칙을 찾아 내는 것이 필요하다. 그러기 위해서는 시행착오를 거치면서 몇 가지 선을 그려 보는 것이 좋다.

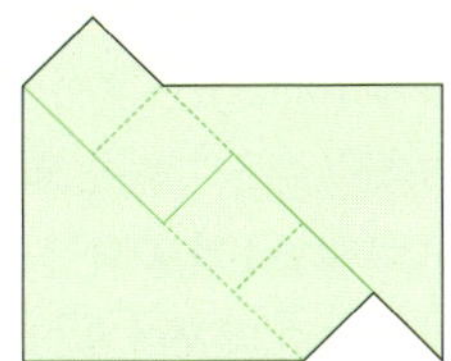

008 다음 점선과 같이 자른다.

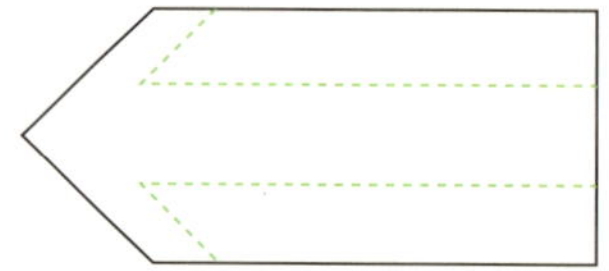

009 방법은 아래의 그림과 같다. 즉 그림 B조의 왼쪽 조각의 반만 뒤집어서 오른쪽 조각의 반에 붙이는 것이 방법이다.

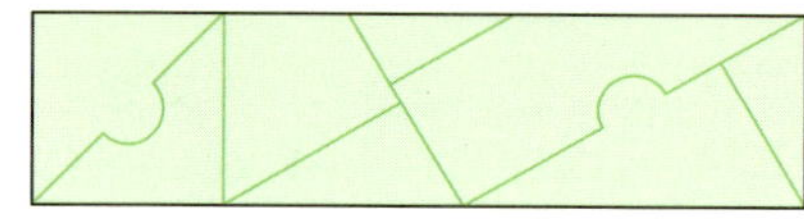

010 전개도를 접어 만들 수 있는 입체 도형은 다음과 같다.

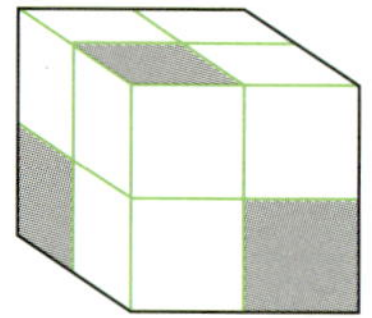

011 정답은 ③이다.

012 정답은 ③이다. 입체물을 위에서 내려다 보면 면은 모두 직사각형으로 보인다. 각 면의 크기를 기준으로 선택하면 된다.

013 땅을 같은 모양과 같은 크기로 둘로 나눈 다음, 그중 하나를 넷으로 나누는 방법을 생각해 보자. 먼저 A선을 그어야 한다. 다음으로 좌우의 위쪽 뾰족한 부분을 기준으로 보면 8개로 나뉜 모양은 모두 어딘가 뾰족한 부분이 있어야 한다는 것을

알 수 있다.

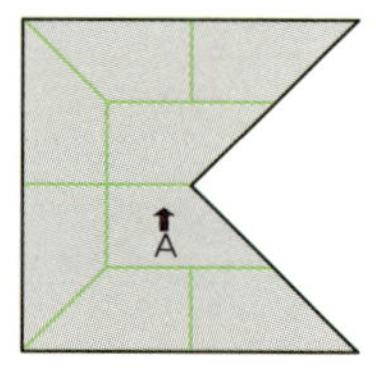

014 아래 그림의 점선을 따라서 각각 2개의 도형으로 자른 후 짜 맞추면 정사각형 도형 2개가 만들어진다.

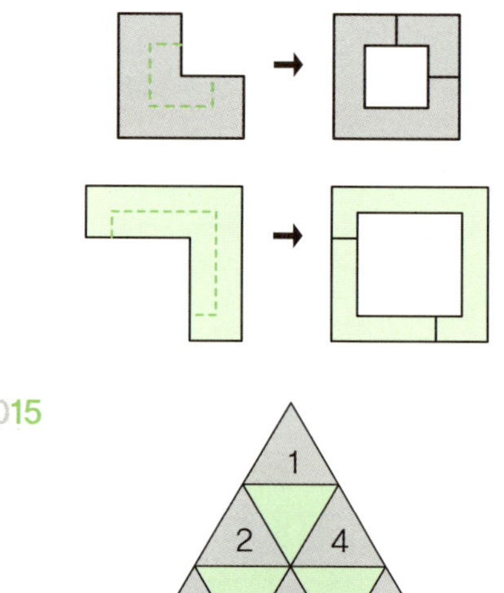

015

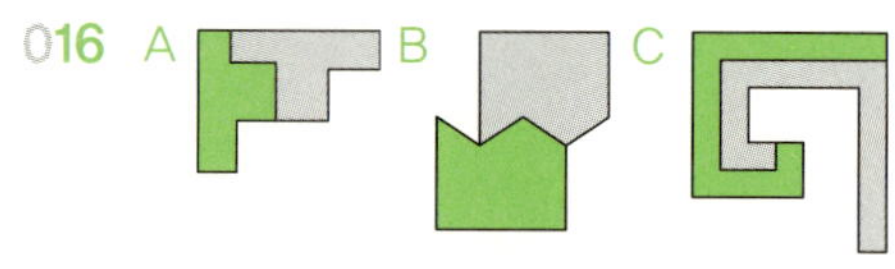

016 A B C

017 커다란 정육면체의 중앙에 있는 작은 정육면체의 아래에서 첫 번째와 두 번째 정육면체 2개는 칠이 전혀 묻지 않는다.

018 그림과 같이 정육각형의 한 변의 길이만 큼 굵은 선을 그으면 된다.

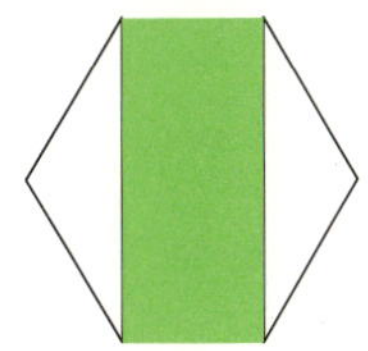

019 그림과 같이 화살표를 따라 그리면 한 번 도 떼지 않고 그릴 수 있다.

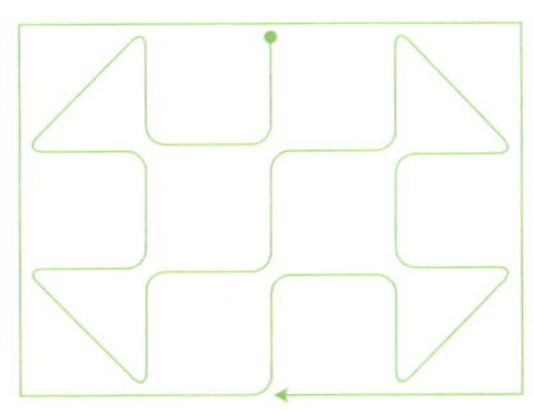

020 • 정사각형 2개가 붙어 있는 모양 : 9개

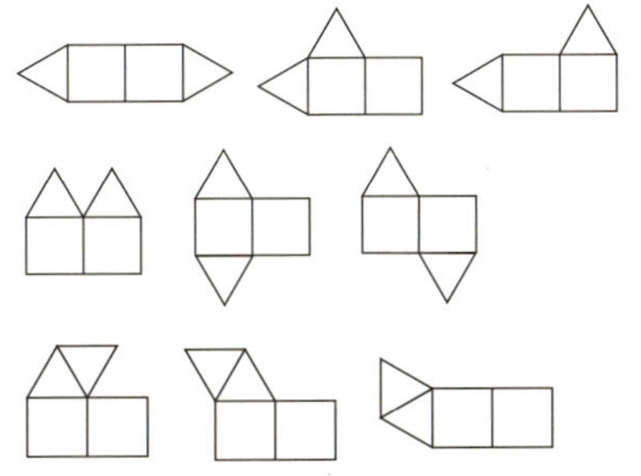

• 정사각형 2개가 떨어져 있는 모양 : 6개

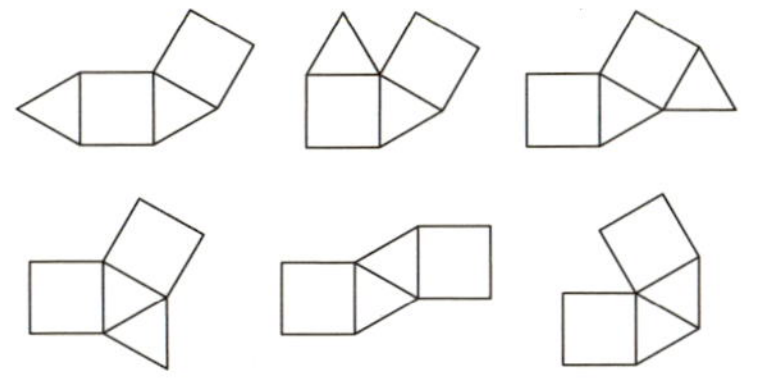

021 다음 그림과 같이 사각형을 그려 넣으면 삼각형 10개가 만들어진다.

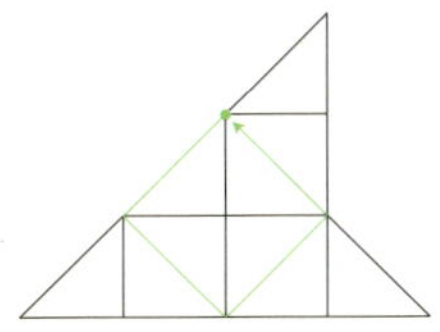

022 정답은 ② 또는 ⑥이다. 주어진 모양을 맞추어 보면 조각의 구성은 다음과 같다.

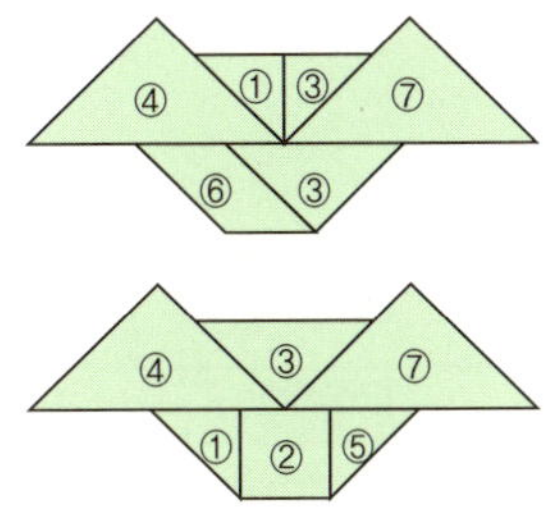

023 A, B, D의 입체 도형은 같은 것이고 C가 다른 도형이다.

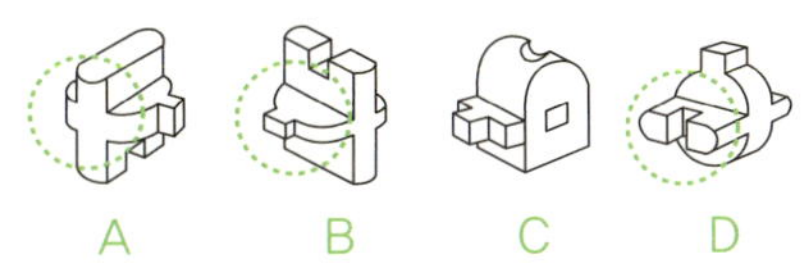

024

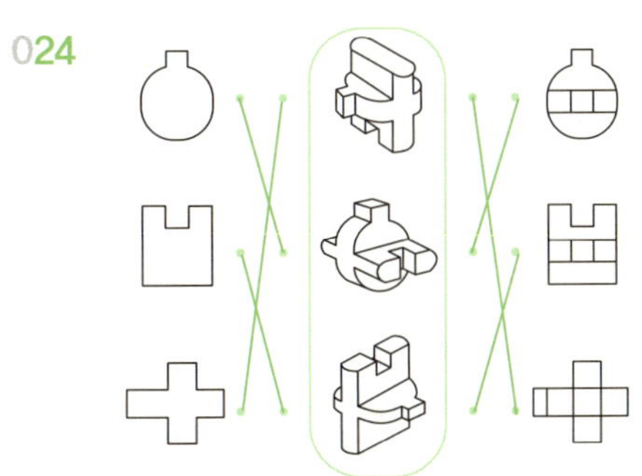

Answer...

025 전개도를 접으면 꼭지점 A는 I와 만나고 꼭지점 B는 H, 꼭지점 C는 G와 만나게 되어 선분 $\overline{BC}$와 겹쳐지는 선분은 $\overline{HG}$이다.

026 큰 직사각형 종이를 다음과 같이 자르면 최대한 74장의 작은 직사각형 종이를 얻을 수 있다.

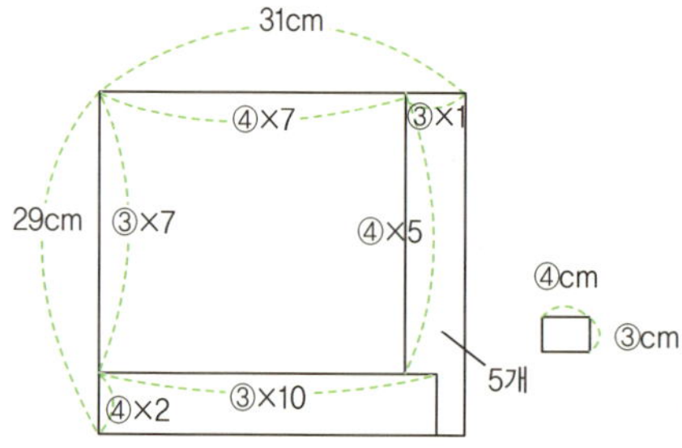

027 〈보기〉의 방법을 힌트로 이 문제를 해결하려고 하면 아무리 해도 잘 되지 않는다. 힌트를 염두에 두지 않으면 오히려 아주 쉬운 방법으로 5등분할 수 있다.

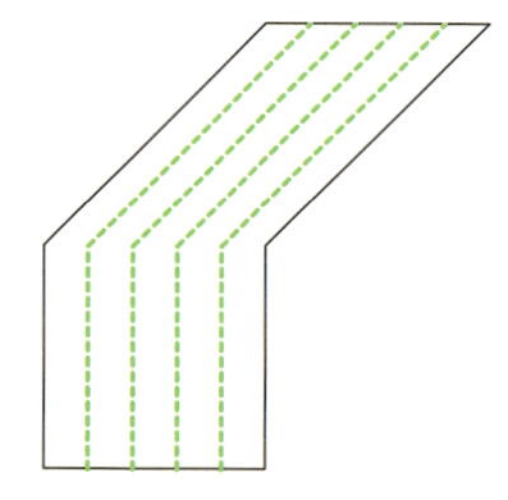

028 아래 그림과 같이 12개의 작은 정삼각형을 만들어 보자. 이 12개의 합동인 작은 단위 삼각형에서 3개씩 취하면 된다.

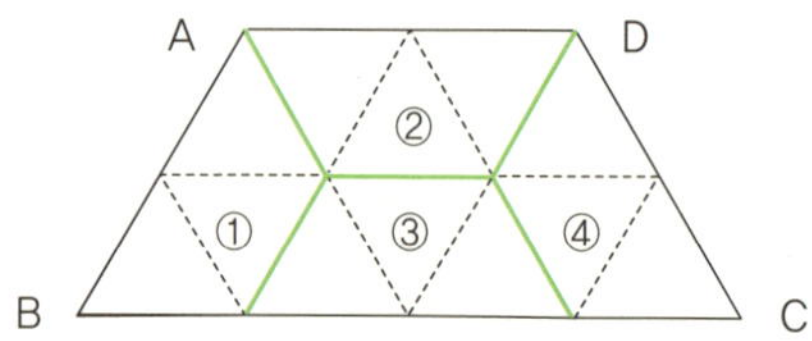

029 작은 삼각형 4개, 2개씩 연결된 삼각형 4개

∴ 4＋4＝8(개)

030 정답은 ③이다. 원래 모두 같은 크기의 직사각형을 자른 것이라고 했으니까 우선 큰 것과 작은 것을 연결해 보고 간단하게 생긴 것부터 차례로 연결해 하나씩 제외하다 보면 남는 조각이 무엇인지 알 수 있다.

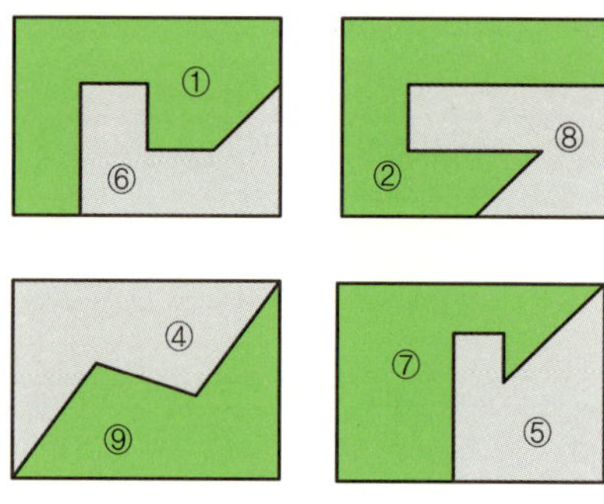

031 정답은 A, C, D, E 이다. '본다'의 의미는 사람마다 다를 수 있다. 뇌가 착각을 하더라도 예리한 과학적 사고로 시각적 이미지의 오류를 찾아 낼 수 있다. A, B, C, D, E 도형 모두 언뜻 보기에는 그럴 듯해 보여도 찬찬히 따져보면 우리가 사는 공간에서는 만들어질 수 없는 모양도 있다.

032 아래 그림처럼 같은 형태, 같은 크기의 12개 부분으로 나눈다. 이 12개는 처음 사다리꼴의 $\frac{1}{12(=3\times4)}$ 이고 4등분할 수 있도록 하는 합동인 단위 도형이다. 분할하는 각 부분은 이 12개 중에서 3개씩 취하여 같은 형태를 만드는 것을 생각하면 된다.

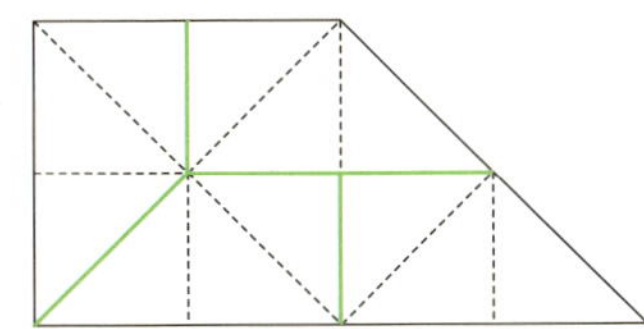

033

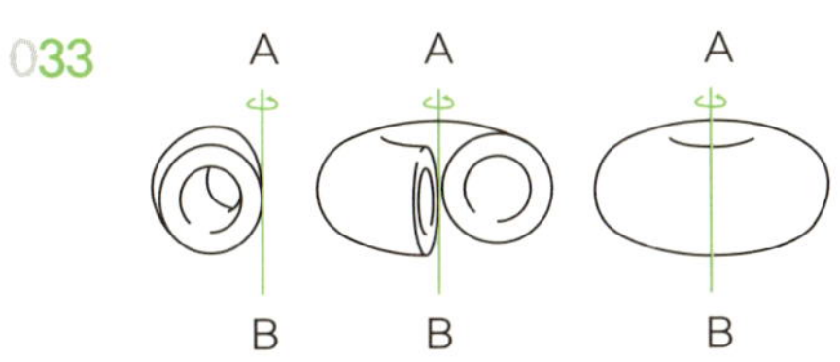

2. 숫자 속에 숨겨진 창의성 문제

001 정답은 14이다.

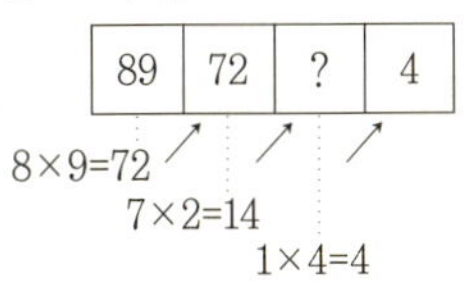

002 정답은 51이다.

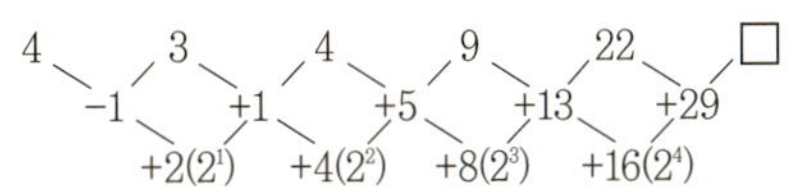

003 정답은 14이다.

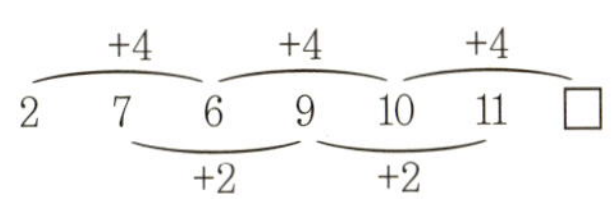

004 정답은 16이다.

$$1 \quad 2 \quad 4 \quad 7 \quad 11 \quad \square \quad 22 \quad 29 \quad 37 \quad 46$$
$$+1 \ +2 \ +3 \ +4 \ +5 \ +6 \ +7 \ +8 \ +9$$

005 정답은 108이다.

$2+3=5$	$5\times3=15$
$3+9=12$	$12\times9=\square$
$4+27=31$	$31\times27=837$

006 정답은 59이다.

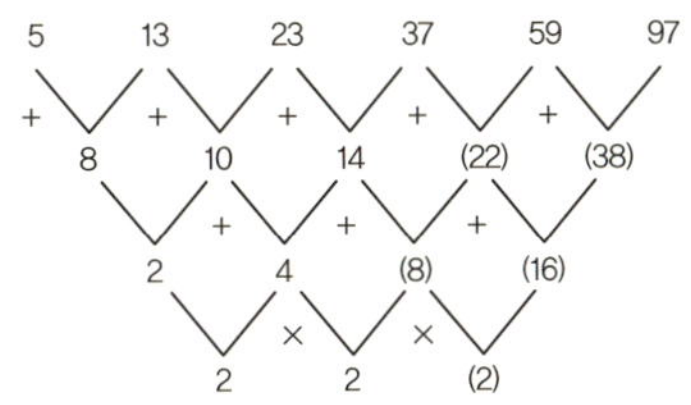

007 정답은 1.5이다.

$3+1.5=4.5$이고, $3\times1.5=4.5$

008 오각형−삼각형=사각형

009 $888+88+8+8+8=1,000$

010 다음과 같은 여러 가지 방법이 있다.

$123-45-67+89=100$

$(1\times2)+34+56+7-8+9=100$

$1+(2\times3)+(4\times5)-6+7+(8\times9)=100$

011 정답은 1, 2, 9이다. 카드에서 6을 거꾸

Answer...

로 하여 9로 사용하면 쉽게 해결된다.

012 '六十四' 이다. 한자로 된 숫자에서 숫자에 해당하는 음절을 제거하면 14와 60이 될 수 있다. 발상의 전환이 요구되는 문제이다.

013 더하기 부호 중 하나를 4로 만든다.

$5+545=550$

또는 = 부호를 ≠로 만든다.

$5+5+5≠550$

014 ㈎ 3의 배수+1 ⇒ 22

㈏ 앞의 수×2 ⇒ 80

㈐ 앞의 수×2, 앞의 수×3, …… ⇒ 831

㈑ 달력의 월, 해당 월의 일수 ⇒ 831

015 정답은 U이다. 숫자는 영어 알파벳을 뒤에서부터 센 것이다.

016 정답은 16이다. 주사위 각 면의 숫자는 '윗면 숫자×3씩, 앞면 숫자×5씩, 옆면 숫자×4씩' 이라는 규칙성을 갖고 있다.

017 정답은 40이다. 각 도형은 두개의 삼각형으로 이루어졌으며 각 삼각형 속의 숫자의 합이 중앙에 들어갈 수이다.

$15+6+9=20+3+17=40$

018 정답은 ②이다.

$5×6=30, \quad 30×7=210, \quad 10×7=70,$

$70×\square=210$

따라서 동그라미 안에 들어갈 숫자는 3이다.

019 다음과 같이 삼각형 종이를 오각형 종이에 붙이면 직사각형 종이가 된다.

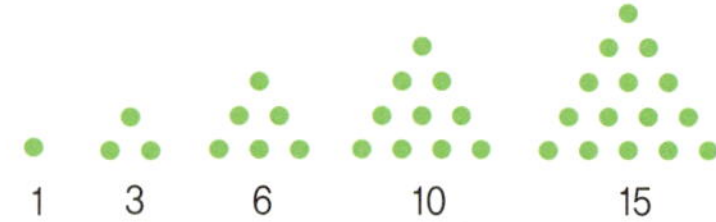

020 정답은 2이다. 수직과 수평을 이루는 열에서, 첫 번째 숫자에서 세 번째 숫자를 뺀다.

021 정삼각형 모양으로 배열해서 나타낼 수 있는 삼각수이다. 삼각수는 연속하는 수를 모두 더한 것과 같다. 예를 들어 두 번째 삼각수 3은 1+2와 같고 세 번째 삼각수 6은 1+2+3과 같다.

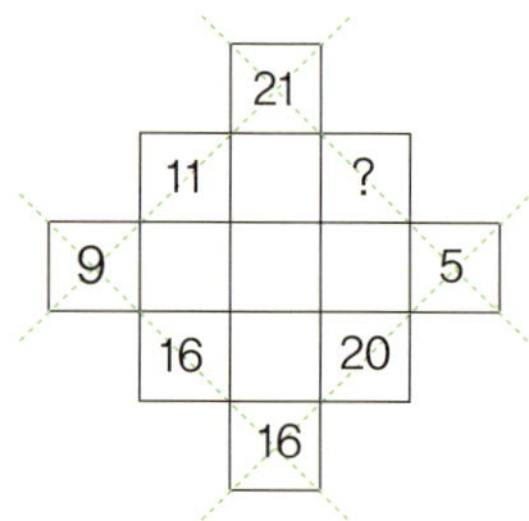

022 $8(시)+5(시)=13(시)(오후 1시)$

023 정답은 15이다. 사선으로 3개의 숫자를 합하면 41이 된다.

024 정답은 16이다.

$3+8=2+9, \quad 14+9=6+17,$

$19+1=4+\square$

025 정답은 7이다. 각 삼각형에서 가운데에 있는 수와 오른쪽 아래의 수를 더한 다음, 왼쪽 아래의 수를 **빼면** 맨 위 수의 끝자리 수가 된다.

예컨대, 12+5-6=11, 10+10-1=19, 1+4-2=3

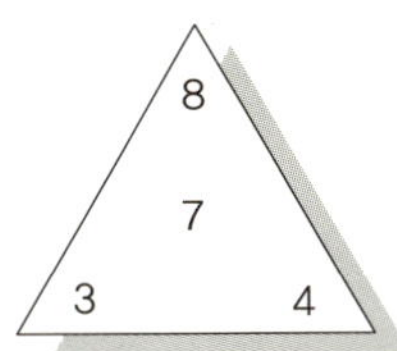

026 정사각형 모양으로 배열해서 나타낼 수 있는 사각수이다. 사각수는 연속하는 홀수를 더한 것과 같다. 예를 들어 두 번째 사각수 4는 처음 두 개의 홀수의 합(1+3)과 같고, 세 번째 사각수 9는 처음 세 개의 홀수의 합(1+3+5)과 같다.

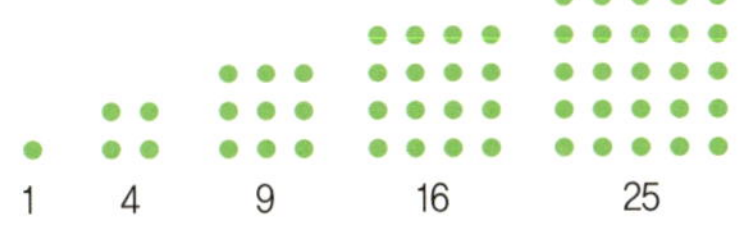

027 정답은 9이다. 동그라미 주변 가, 나, 다, 라 위치에 있는 숫자를 모두 합해 2로 나누면 동그라미 속의 숫자가 된다.

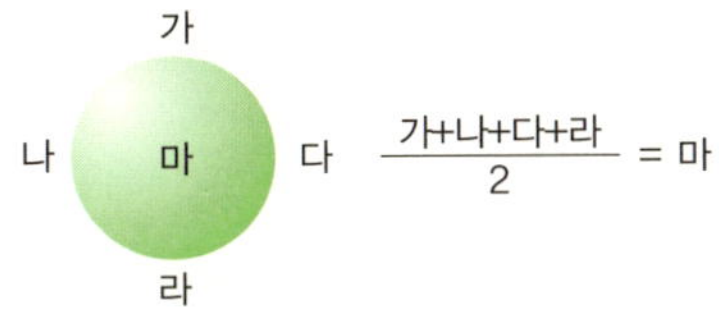

$$\therefore (12+3+1+2) \div 2 = 9$$

028 A, B, C, D의 세로줄을 살펴보면 1과 8, 5와 12, 2와 9 등 7의 차이가 있다. 다시 말해서 차이 7인 숫자들이 규칙적으로 반복되어 같은 영문자 세로줄에 온다. 따라서 '530÷7=75 나머지 5'이므로 B 줄에 쓰이게 된다.

029 정답은 10이다.

중앙에 쓰여진 숫자는 두 도형의 꼭지점 개수를 합한 수를 나타낸다. 또, 선분의 개수, 각의 개수를 표현한 것일 수도 있다.

030 정답은 32이다. 앞의 수에 2를 곱한 후, $\sqrt{}$를 씌운 값이 다음 수이다.

$$8 \times 8 \div 2 = 32$$

031 아래와 같은 식으로 A의 숫자는 1이고, B의 숫자는 12이다.

6×4	2×3	1×2		1×1
24	6	2	A	1
0	6	10	B	13
6-6	10-4	12-2		13-1

032 뺄셈으로 생각하면 쉽게 풀 수 있는 문제이다. 9가 들어 있는 줄은 15-9=6이 되니까 1과 5, 혹은 2와 4가 들어간다는 것을 알 수 있다. 또 7이 들어 있는 줄은 15-7=8로 6과 2, 또는 3과 5가 들어간다. 이런 식으로 각 칸에 공통으로 들어갈 숫자를 추려 낸다.

4	3	8
9	5	1
2	7	6

033 미리 암산을 해 본 후, 합이 적은 곳에는 큰 수를 합이 큰 곳에는 적은 수를 넣어 본다.

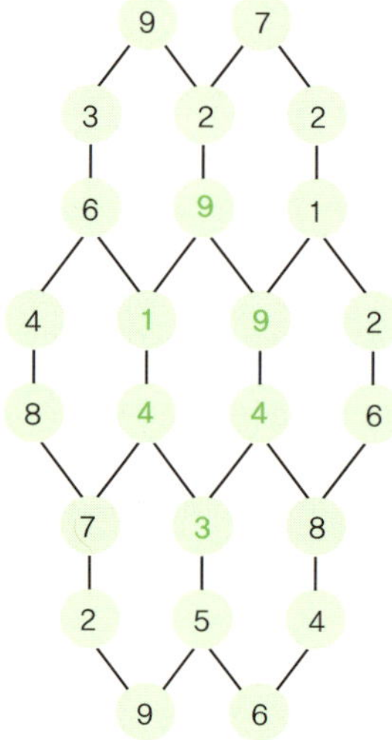

3. 그림 속에 숨겨진 창의성 문제

001 다음과 같이 3개의 직선을 그으면 된다.

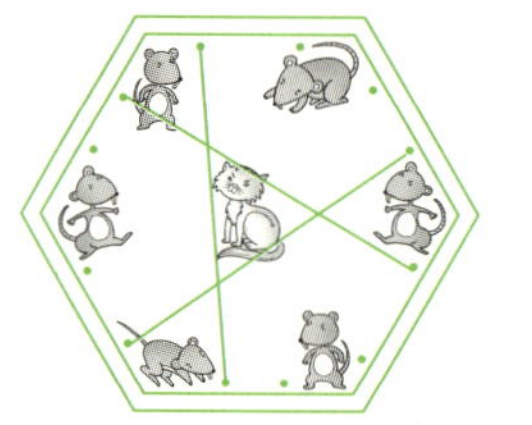

002 여러 가지 크기의 종이 조각에 여러 깊이로 자국을 내어 몇 번이고 해 보아도 종이는 두 조각으로만 찢어진다. 두 곳의 벤 자국을 아무리 같게 하더라도 어느 한쪽이 다른 한쪽보다 조금이라도 더 깊숙이 잘려지고 만다. 조금 더 깊게 자국난 곳은 가장 약한 곳으로 제일 먼저 찢어지기 시작하여 끝까지 찢어진다. 왜냐하면 한 번 찢어지기 시작하면 그 부분은 점점 더 약해지기 때문이다.

003 사각형의 대각선 길이는 $\sqrt{2}$ 배이므로 수직으로 든 상태에서 살짝만 각도를 틀어도 구멍 속으로 뚜껑이 쉽게 빠지게 된다. 그러나 원형 뚜껑의 경우 어느 쪽에서 재어도 지름이 같기 때문에 구멍 속으로 빠질 염려가 없다. 또한 굴려서 옮길 수 있고 뚜껑과 맨홀의 모양을 맞추기 위해 뚜껑을 이리저리 돌릴 필요가 없다.

004 금괴 6개에 각각 1부터 6까지 번호를 붙이고 먼저 1, 2, 3, 4번의 금괴 4개를 함께 저울에 달고, 나중에 3, 4, 5, 6번의 금괴 4개를 저울에 단다. 처음 쪽이 가벼우면 가짜 금괴는 1번이 아니면 2번이다. 나중에 무게를 잰 것이 가볍다면 가짜 금괴는 5번이나 6번이다. 두 경우가 같은 무게라면 3번이나 4번이 가짜이다. 이렇게 해서 남은 2개의 금괴 중에서 먼저 단 4개의 평균치와 비교해 보면 가려낼 수 있다.

005 그림과 같이 하는 방법이 한 가지 예가
된다.

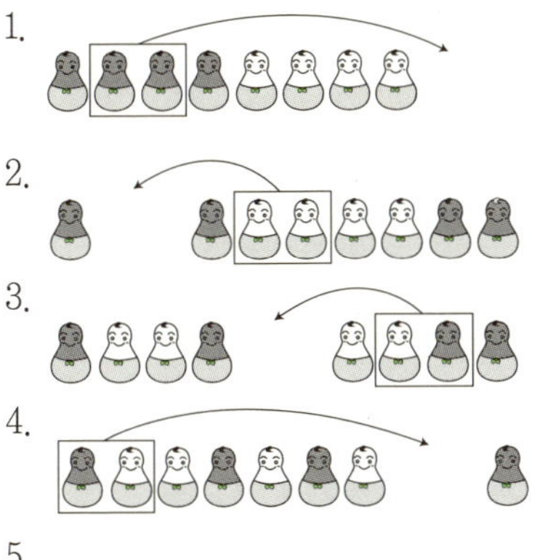

006 납작한 원통을 쌓아 놓은 개수는 모두 21
개이다. 다음과 같이 4개의 기둥으로 원
통이 쌓여 있다.

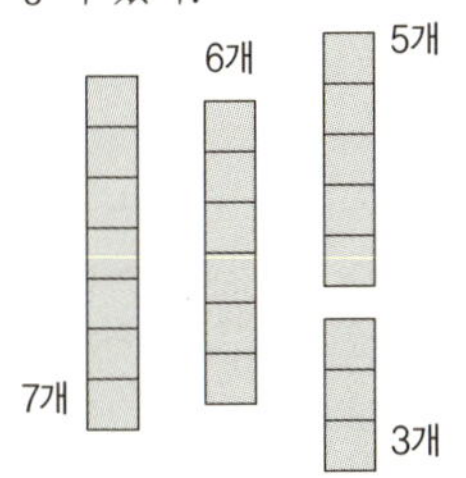

007 먼저 작은 삼각형을 찾은 후, 거기에 두
개의 삼각형으로 이루어진 사각형을 찾
으면 된다.

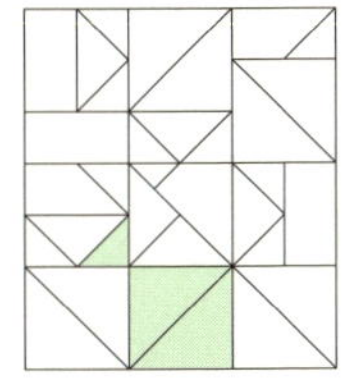

008 정해진 답은 없으니 다음의 예를 참고로
하여 각자 자유롭게 상상해 보자.
- 솥뚜껑을 엎어 놓은 것이다. 고기를 굽
  거나, 빈대떡을 부칠 수 있다.
- 얇은 막을 붙여서 작은 북을 만든다. 가
  는 줄을 연결해서 연주를 할 수도 있다.
- 받침대를 만들어 올려놓고 꽃꽂이 수
  반(접시)으로 활용한다.

009 정해진 답이 없다. 다음 예와 같이 각자
자유롭게 상상해 보자.
- 멀리 있는 산봉우리 위에 달이 떠 있고
  그 모습이 물 위에 비친 광경이다.
- 그림을 옆으로 돌리면 두 사람이 마주
  보는 얼굴 모습이 나타난다.

010 동전 가장자리의 톱니 부분에 물감을 묻
혀서 종이에 눌러 가며 돌리면 '1'이라는
숫자를 얼마든지 찍을 수 있다.

011 정해진 답이 없다. 다음 예와 같이 각자
자유롭게 상상해 보자.
- 장난감 잠망경이나 만화경을 만든다.
- 문의 손잡이로 이용한다.
- 양쪽에 축바퀴를 달아 회전축으로 이
  용한다.

012 정해진 답이 없다. 다음 예와 같이 각자
자유롭게 상상해 보자.

013 영어를 한자 모양과 유사하게 표기한 것이다.

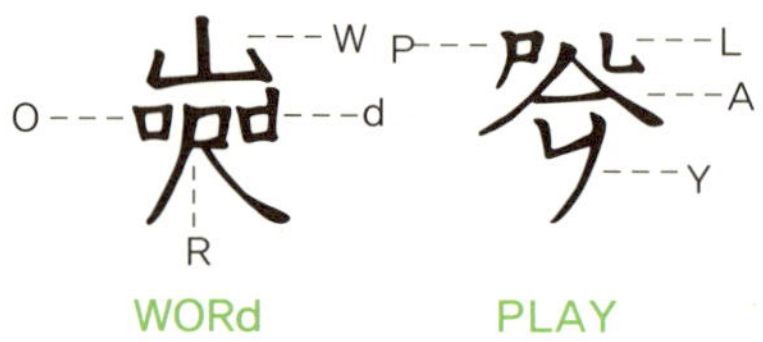

014 평범하게 생각한다면, 당연히 다친 할머니를 태우고 병원으로 가야 할 것이다. 그러나 잠시 생각을 바꿔 보면 모두가 다 만족할 수 있는 방법이 있다. 마을 병원 의사에게 차를 빌려 주어 할머니를 태우고 병원에 가게 하고, 자신은 예쁜 아가씨와 천천히 산길을 걸어 마을로 간다.

015 뒤집어서 도형과 도형 사이의 흰 부분을 보면 영어 'FLY' 가 나타날 것이다. 보는 관점에 따라 전혀 다른 사실을 발견해 낼 수 있다.

016 그림처럼 동전 3개를 옮기면, 삼각형의 방향이 반대로 바뀐다.

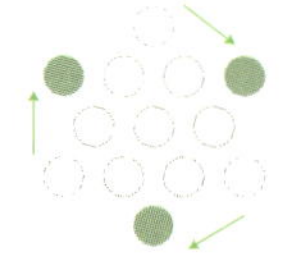

017 그림과 같이 땅을 아홉 구역으로 나누어 나무가 빗금친 부분에 들어가지 않도록 하면 된다.

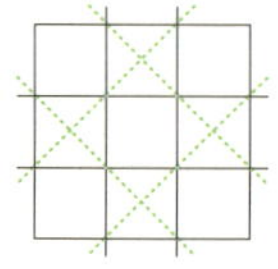

018 그림처럼 일반적인 사다리타기의 상식을 깨면 된다.

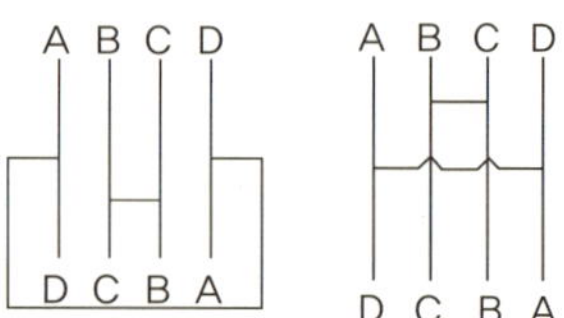

019 점판에 있는 6개의 점 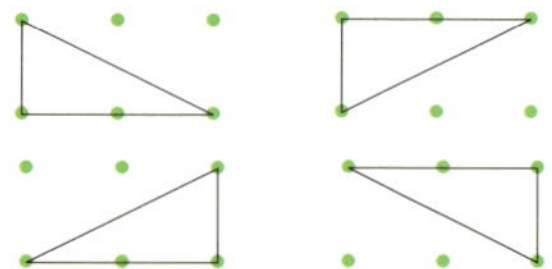 에 그릴 수 있는 삼각형은 다음 4개이다.

그런데 가로줄 에는 이 2개 있고, 세로줄에는 이 3개 있으므로 삼각형은 모두 $4 \times 2 \times 3 = 24$개이다. 또 세로로도 마찬가지로 생각할 수 있으므로 삼각형은 모두 $24 + 24 = 48$개이다.

020 그림과 같이 2개의 사각형 우리를 그려 넣으면 짐승 9마리를 각각 가둘 수 있다.

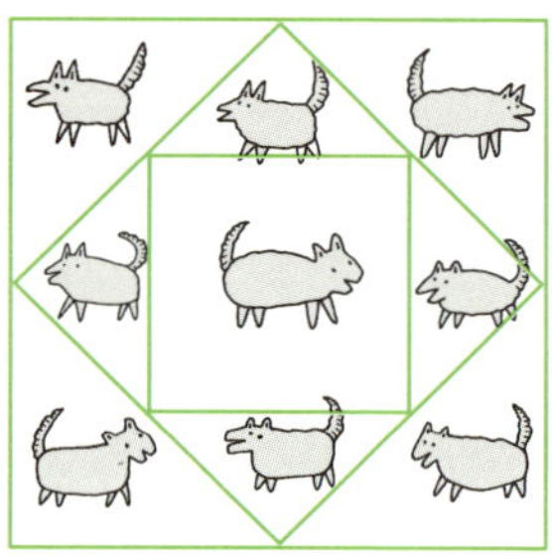

021 예를 들어 다음과 같이 추측해 볼 수 있다. 조류학자인 박 교수가 조류 탐사를

하려고 독수리를 망원경으로 관찰하고 있었다. 제자 1명은 도끼로 나무를 찍어 캠핑 준비를 하고 있고, 다른 제자 1명은 텐트를 치고 있었다.(왼쪽에 텐트 못이 보인다). 이때 어떤 포수가 독수리를 총으로 쏘아 떨어뜨리고 캠핑 장소로 왔다. 도끼를 들고 있던 제자와 몸싸움을 하다 포수와 제자가 함께 낭떠러지 아래로 미끄러졌다. 박 교수와 또 다른 제자가 이들을 구하려다 함께 낭떠러지로 모두 떨어졌다.

022 그림처럼 투명한 비닐관의 양쪽 끝을 마주대고, 하얀 구슬 3개를 반대쪽으로 이동시킨 후, 끝을 떼고 검은 구슬만을 꺼낸다.

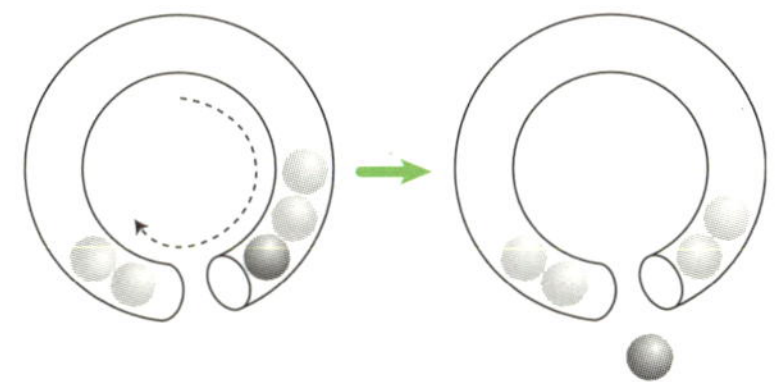

023 여러 가지 그림을 완성할 수 있다.

[예]

024 정해진 답이 없으니 다음 예를 참고로 각자 상상해 보자.
- 구멍 뚫린 문 창호지
- 쇠 창살 밖으로 보이는 등불
- 동물원 우리 안에 갇혀 있는 등불

025 정답은 ④이다.

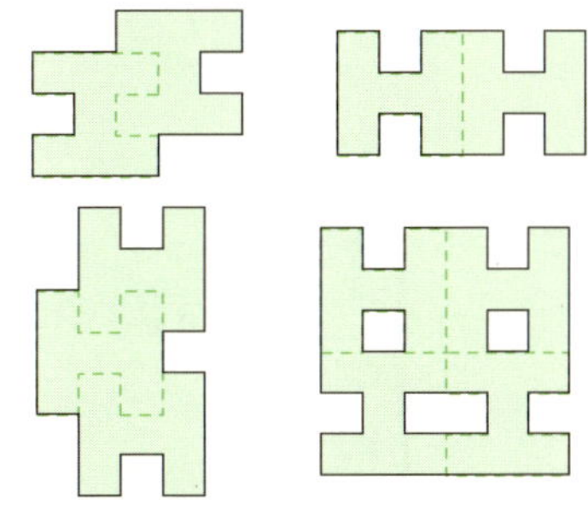

026 아래 그림과 같이 선을 따라 걸어가면 된다.

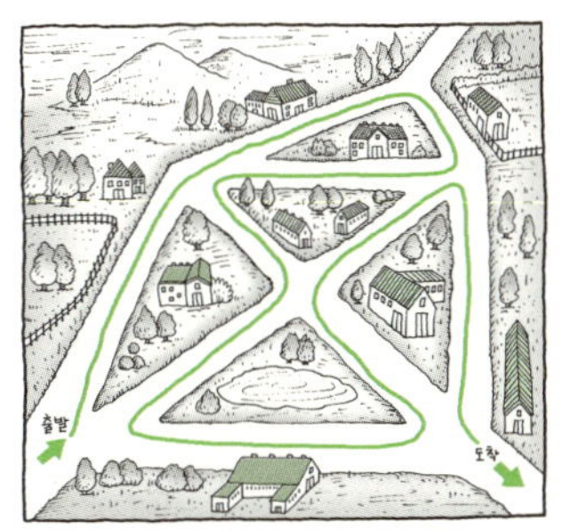

027

028 정답은 ③이다. 출입구를 위쪽으로 배치한 후 벽의 구조나 원형 의자, 그 옆에 놓여 있는 화분과 소파를 자세히 살펴보면 정답을 알 수 있다.

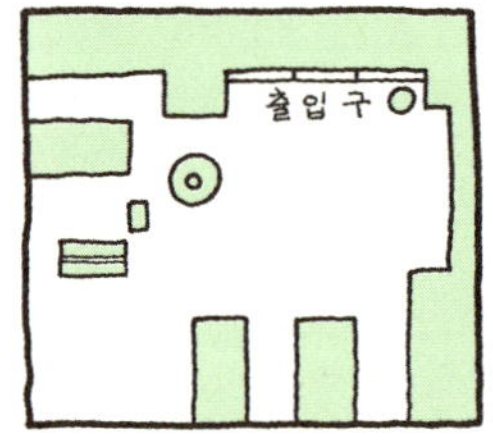

029 정답은 ④이다. 영희네 집 평면도에는 문이 2개 보인다. 현관(A) 옆에는 창문(B)이 보이고 그 옆면에는 약간 튀어나온 부분(C)이 있으며 오른쪽에 창문이 있다. 현관의 반대편에는 또 튀어나온 문(D)이 1개 보인다. 평면도에 계단 표시가 있으므로 집은 이층집이 분명하고 이 모든 조건을 만족시키는 집은 ④이다.

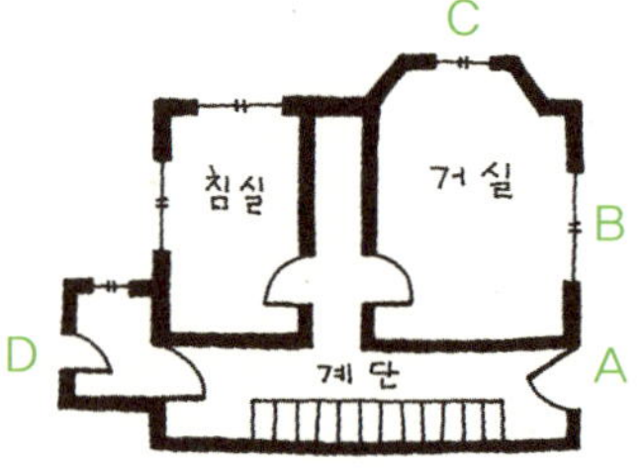

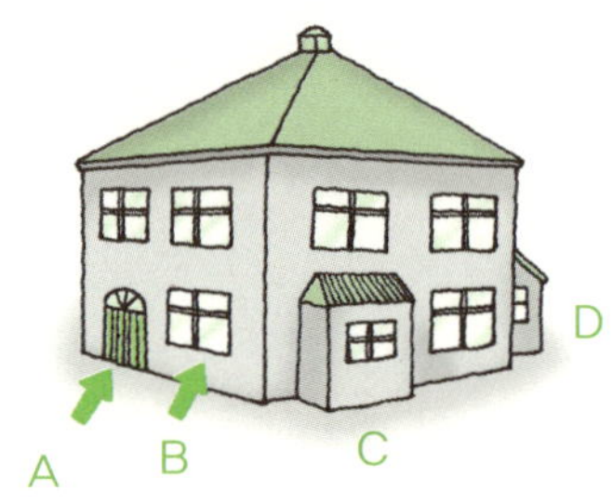

2장 과학 문제 해결력 검사 문제

1. 과학 원리를 응용한 창의성 문제

001 손으로 고무풍선을 누르는 힘이 메스실린더 속의 공기 압력을 가중시켜, 작은 시험관 속으로 물이 밀려들어가게 하기 때문에 작은 시험관이 무거워져 밑으로 내려가게 된다. 손을 떼면 압력이 다시 낮아져서 작은 시험관 속의 물이 빠져나와 작은 시험관은 위로 떠오르게 된다. 압력은 사방으로 작용한다.

002 이 경우 던진 순간의 역학적 에너지가 떨어지는 순간에도 같으므로(역학적 에너지 보존법) 던지는 순간의 위치에너지와 운동에너지의 합은 어떤 경우에도 같게 된다. 따라서 이 역학적 에너지가 모두 운동에너지로 전환된다면 떨어지는 순간 공 A, B, C의 속력은 모두 같게 된다. 그러나 떨어지는 시간과 이동 경로는 각각 다르게 되므로 떨어지는 순서는 C→B→

A 순서가 될 것이다.

003 풍선 A 속에는 뜨거운 물이 차 있고, 풍선 B에는 찬물이 들어 있다고 추측할 수 있다.

004 유리컵에 얼음을 넣는다. 그러면 얼음 때문에 컵의 표면에 물방울이 만들어지기 때문에, 흘러내린 물방울과 염산이 화학 반응을 일으키게 된다.

005 더 높은 궤도에 있는 위성이 더 빨리 운동할 것으로 생각될지도 모른다. 그러나 대포알이 발사되어 바로 떨어지지 않게 하기 위해서는 지구의 중력으로 끌려오는 힘만큼 속도도 충분히 빨라야 한다는 것을 기억할 필요가 있다. 만일 중력이 강하면 속도도 커지고, 중력이 약하면 속도도 상대적으로 줄어든다. 따라서 2개의 위성 중 낮은 고도에 있는 것이 지구의 중력을 더 크게 받으므로, 위성의 속도는 중력을 상쇄하기 위해 낮은 고도에서 더 빨라야만 한다. 반면, 높은 고도에서는 낮은 고도보다 중력이 약해지므로 위성은 느린 속도로 궤도를 유지할 수 있다.

006

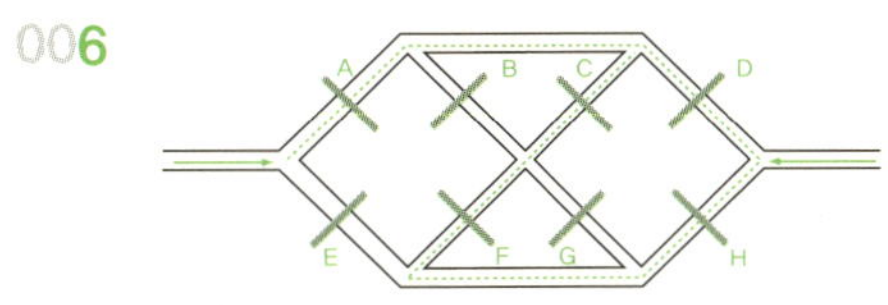

007 달걀이 희게 보인다. 그 이유는 물의 반

사각과 굴절각이 다르기 때문이다.

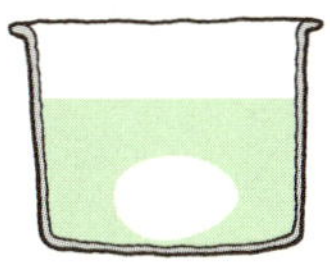

008 정답은 ①이다. 거울을 보면서 왼쪽 눈을 감으면 오른쪽 눈을 감은 것처럼 보인다. 그러나 2개의 거울을 직각으로 벌려 놓고 왼쪽 눈을 감으면 거울 속의 얼굴은 왼쪽 눈을 감고 있는 것처럼 보인다. 이것은 B 거울에서 거꾸로 보이는 상이 A 거울에 비쳐 보이기 때문이다.

009 정답은 ③이다. 사이다 속에는 이산화탄소가 들어 있다. 사이다 병의 뚜껑을 열었을 때 생기는 동그란 작은 기포의 정체가 바로 이산화탄소이다. 사이다 속에 포도알을 넣으면 이산화탄소 기포가 달라붙어 가벼워진다. 그래서 처음에는 순간적으로 바닥에 가라앉았다가 기포가 달라붙고 난 후에는 떠오르게 된다.

010 정답은 ①이다. 촛불은 양초의 고체가 기체화되어 타는 것이다. 양초의 기체는 돌릴 때 한쪽 방향으로 쏠리게 된다. 끝에 매달려 있는 물체를 돌린다면 당연히 바깥쪽으로 달아나려는 힘이 작용하지만, 양초의 기체는 컵 안에 있는 공기의 영향으로 안쪽으로 기울어지게 되는 것이다. 직접 실험으로 확인해 보자.

011 정답은 ②이다. 샐러드유보다 물이 더 무겁기 때문에 물이 밑에 있게 된다. 그리고 잉크는 샐러드유에는 녹지 않지만 물에는 잘 녹는다. 잉크는 샐러드유 밑에 있는 물속에 골고루 퍼지면서 파란 색깔로 변하게 되는 것이다.

012 정답은 B 기어이다. 가운데 작은 기어가 도는 방향과 맨 아래쪽 기어가 도는 방향이 맞지 않는다.

013 정답은 ③이다. 박쥐는 초음파를 바다 속에 발사하여 바다 속에 있는 해저 지형에서 반사되어 오는 반사음을 듣고 방향을 잡아서 날아간다.

014 '바실리스크'는 평상시에는 네 발로 걸어다니는데 달릴 때는 두 발로 달린다. 그리고 물위에서는 오른발이 빠지기 전에 왼발을 내고, 왼발이 빠지기 전에 오른발을 내어 달려간다. 바실리스크가 물위를 달릴 수 있는 이유는 첫째 물의 표면장력을 깨지 않을 만큼 몸이 가볍기 때문이고, 둘째는 발을 빨리 움직이기 때문이다. 그리고 뒷발의 발바닥 비늘을 펼칠 수 있기 때문이다.

2. 과학 지식을 활용한 창의성 문제

001 플라스틱 페트병 구멍으로 물이 새어나오지 않는다. 그 이유는 병의 입구를 마개로 꼭 막아 공기 압력을 받지 않도록 했기 때문이다. 만약 마개를 열면 물은 흘러나온다.

002 스판텍스나 고무 라이닝 등 압력이 커지면 부피가 늘어나는 소재를 이용해 만드는 방법, 단열이 되는 재질을 붙여 열의 영향을 덜 받게 하는 방법 등을 생각해 볼 수 있다.

003 부피가 같다면 마른 모래가 젖은 모래보다 더 무겁다. 모래에 묻은 물도 부피를 차지하는데 모래보다는 물이 가볍기 때문에 젖은 모래가 더 가볍다.

004 강물을 보면 물의 흐름이 빠른 곳은 수면이 조금 얕다. 따라서 무거운 짐을 실은 뗏목은 물속 깊이 잠기기 때문에 더욱 빠른 흐름을 타고 밀려 내려가게 된다. 즉 가벼운 짐을 실은 뗏목보다 무거운 짐을 실은 뗏목이 더 빨리 내려간다.

005 나무젓가락으로 비커 속의 물을 빙빙 휘저으면 물에 소용돌이가 일어나면서 밑에 있던 물이 든 풍선이 떠오르게 된다.

006 자벌레는 배에 발이 없고, 가슴과 꼬리에만 발이 있다. 따라서 몸의 근육을 늘였다 줄였다 하며 걸을 수밖에 없으므로, 마치 우리가 짧은 자로 긴 물건의 길이를 잴 때와 비슷한 모양으로 길이를 재듯이 걷는다.

007 뜨거운 사막에 사는 붉은 여우는 체온이 올라가는 것을 막기 위해 귀가 크게 진화했다고 추정할 수 있다. 귀에는 실핏줄이 많이 분포되어 있어 체내의 열을 쉽게 밖으로 내보낼 수 있기 때문이다. 반대로 북극 여우는 추운 지방에 살기 때문에 귀가 작을수록 유리했을 것이다.

008 98일째 개구리밥이 연못의 반을 덮는다.

009 60분＋1분＝61분

010 남극은 대륙이다. 육지는 바다에 비해 열을 축적할 수 있는 힘이 낮다. 받은 열도 곧 열방사로 잃어버린다. 대륙성 기후의 겨울이 훨씬 추운 것도 이런 이유 때문이다. 그러나 북극은 바다이다. 얼음은 모두 떠다니고 있다. 물은 열용량이 커서 데우는 데는 시간이 걸리지만 일단 데우면 좀처럼 식지 않는다. 그래서 북극해는 열을 겨울까지 저장해 두고 서서히 사용할 수 있다. 따라서 얼음이 남극에 비해 적다.

011 비트루비우스는 기원전 1세기경에 활동한 로마의 건축가이자 저술가인데 그가 신전 건축의 규준을 설명한 기록 중에 "인체는 비례의 모범형이다. 왜냐하면 팔과 다리를 뻗음으로서 완벽한 기하형태인 정방형과 원에 딱 들어맞기 때문이다"라는 말이 르네상스 시대의 미술에 많은 영향을 미쳤다. '비트루비우스적 인간'이라 불리는 인체상은 레오나르도 다 빈

치 이전에도 나타났지만 레오나르도 다 빈치의 이 그림으로 인해 비트루비우스는 명성이 높아졌다.
레오나르도 다 빈치는 인체비례도와 관련해 "두 팔을 벌린 길이는 그 사람의 신장과 같다"고 설명하며 그러한 논리 입증을 위해 인체 주위에 정사각형을 그리고 겹쳐 그린 원에 대해 "만약 두 다리를 신장의 4분의 1만큼 벌리고 팔을 벌려 중지를 정수리 높이까지 올리면 뻗친 팔에 의해 형성된 원의 중심은 배꼽이 되며, 두 다리 사이의 공간은 정확한 이등변 삼각형을 형성한다"고 했다.

012 정답은 ②이다. 유리판이 처음에 떨어지지 않는 것은 유리판을 떠받치는 물의 압력 때문이다. 그런데 유리관 속으로 물이 들어갈수록 유리관에 가해지는 압력은 그 무게 때문에 작아지게 된다. 이 경우 수면과 같은 높이까지 물이 들어가면 유리관 안과 밖의 균형이 잡히고 물이 조금만이라도 더 들어가면 유리관은 유리판에서 떨어지고 마는 것이다.

013 정답은 ③이다. 자석은 같은 극끼리는 밀고 다른 극끼리는 당기는 성질이 있다. 투명한 원통 속의 두 자석은 극성을 바꾸어 자석이 자기장의 상태에서 조금 떨어져 있을 뿐 무게에는 아무 변화를 주지 못한다.

014 정답은 ③이다. 고체 양초는 액체 양초로 녹았다가 기체 양초가 되면서 타게 된다. 여러 개의 초를 한데 모아서 불을 붙이면 열에 의해서 고체 양초가 쉽게 액체, 기체 상태로 변하게 된다. 그래서 기체의 양이 많아지기 때문에 불꽃이 커지게 된다.

015 정답은 ②이다. 10W짜리 전구 10개를 켜는 것이나 100W짜리 전구 1개를 켜는 것이나 소비되는 전력은 같다. 하지만 밝기는 100W짜리 전구 1개를 켜는 것이 2배 정도 밝다. 빛의 분량을 나타내는 단위를 루멘(lm)이라고 하는데 10W짜리 전구 10개는 760lm이고, 100W짜리 전구 1개는 1,600lm이다.

016 정답은 ③이다. 설탕은 물에 녹아서 보이지 않지만 그것은 물의 분자 속으로 들어간 것뿐이고, 결코 없어진 것이 아니다. 설탕의 무게만큼 물은 무거워진다. 또 나뭇조각을 물위에 띄워도 나뭇조각의 무게에는 변화가 없다. 그러므로 저울은 수평을 이룬 채 그대로 있게 된다.

017 정답은 ②이다. 고무는 열을 받으면 수축하는 성질을 가지고 있다. 연결된 고무 밴드에 뜨거운 물을 흘려보내면 고무의 성질로 인해 각각의 고무 밴드가 수축하고 전체 길이 또한 짧아진다.

018 정답은 ③이다. 물체가 액체 속으로 들어가면 그 물체와 같은 부피의 액체 무게만큼 가벼워진다(아르키메데스의 원리). 얼음이 물위에 뜨는 것은 얼음과 같은 부피의 물이 얼음보다 무겁기 때문이다. 또 얼음이 콩기름 속으로 가라앉는 것은 얼음의 부피와 같은 콩기름의 무게가 얼음보다 가볍기 때문이다. 그래서 물위에 콩기름이 있을 때 얼음은 물과 콩기름 중간에 있게 된다.

3. 과학적 추리가 필요한 창의성 문제

001 여러 가지 방법을 상상해 볼 수 있다. 고고학자들이 추정한 고인돌 축조 방법은 다음과 같다.
① 100kg짜리 돌을 적당한 크기로 자른 다음 미리 파둔 구덩이 속에 절반 정도 넣는다. → ② 이 돌이 흔들리지 않게 작은 돌로 옆을 가득 채워 튼튼히 다진다. → ③ 같은 높이로 100kg짜리 다른 돌을 묻는다. → ④ 2개의 돌을 흙으로 끝까지 묻는다. → ⑤ 이 언덕의 경사를 따라 둥근 나무를 밑에 깔고 10t짜리 돌을 끌어 올린다. → ⑥ 작은 돌과 흙을 치워 고인돌을 완성한다.

002 저울의 무게는 750g보다 무겁다. 그림에서처럼 재고자 하는 작은 저울의 물건을 올리는 받침대 부분의 무게가 포함되어 있지 않기 때문이다.

003 반쪽 공이 위로 갑자기 튀어 오른다. 그

이유는 공은 고무로 만들어져 있는데, 고무를 이루는 분자는 아코디언처럼 겹쳐진 물질로 되어 있어 이 분자 하나하나가 마치 스프링과 같은 역할을 하기 때문이다. 이처럼 고무는 모양을 변화시켜도 원래 모양으로 되돌아가려는 탄성 때문에 공이 위로 튀어 오르게 된다.

004 두께가 얇은 컵에 물을 부어야 깨지지 않는다. 그 이유는 유리는 절연체이므로 뜨거운 물을 부었을 때 안쪽은 곧 뜨거워져서 팽창하지만, 바깥쪽은 열이 유리의 두께를 빠져나오고 난 후에야 팽창이 진행된다. 그동안 안쪽은 늘어나고, 바깥쪽은 늘어나지 않는다. 열이 두꺼운 유리를 빠져나가는 쪽이 시간이 더 걸리기 때문에 작용하는 힘도 커지게 되므로 깨지기 쉽다.

005 물이 들어 있는 드럼통을 굴리는 것이 힘이 덜 든다. 물은 통에 붙어 있지 않기 때문에 오른쪽 그림처럼 통과 함께 돌아가지 않는다. 그러나 흙은 아무리 건조해도 어느 정도 통에 붙어서 돌아간다. 즉 흙이 통에 붙어 있는 양만큼 돌아가는 데 힘이 필요하므로 그만큼 힘들어진다.

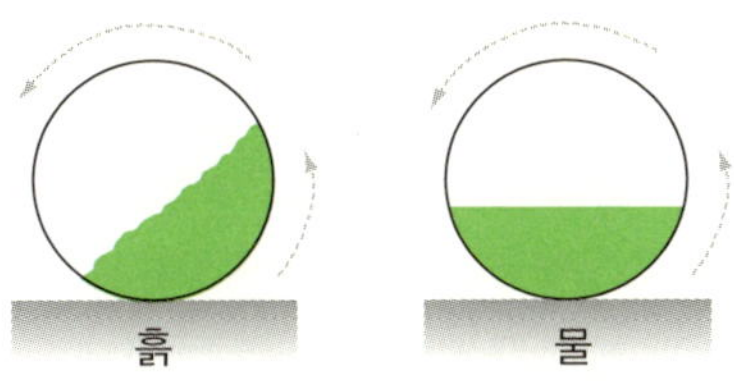

006 뉴턴의 제3법칙에 따르면 프로펠러가 회전하면서 동체가 그 반대 방향으로 회전하는 힘이 반드시 작용하게 마련이다. 이에 두 번째 프로펠러는 동체가 회전하는 것을 방지하는 힘을 내기 위해 부착되어 있는 것이다. 한쪽 날개에 2개의 프로펠러를 가진 보통 비행기의 경우 서로 반대 방향으로 회전하도록 하는 것도 이런 이유이다.

007 아무리 물을 부어도 깔때기를 넘쳐 흐를 뿐, 밑에 감겨 있는 호스로는 물이 빠져나오지 않는다. 그 이유에 대해서는 몇 가지 이론이 있기는 하지만, 아직까지 충분히 밝혀지지 않았다. 이러한 문제야 말로 앞으로 해결해야 할 과제이다.

008 손가락이 지렛대 역할을 할 수 있다는 점을 생각해 보자. 지렛대 받침점과 거기에 전달되는 힘이 어디쯤 있는지 아는 것이 바로 지렛대를 이용하는 열쇠라고 할 수 있다. 힘이 지렛대 받침점에 가까우면 강해진다. 또, 힘은 지렛대 받침점에서 멀어질수록 약해진다. 이 운동의 경우에는 지렛대 받침점은 손가락이 시작하는 관절 부분이다. 이 지점에서 멀리 떨어진 곳에서 힘을 주기에는 손가락 근육이 너무 약하다. 그러면 이제 관절 가까운 곳으로 성냥개비를 옮겨서 얼마나 잘 부러지는지 힘을 줘 보자. 지렛대의 역할을 하는 손가락에 충분한 힘이 공급되니까

쉽게 부러진다.

009 답은 공기가 많이 들어 있는 병이다. 물만 들어 있는 병에서는 물이 뿜어져 나오지 않고, 잠시 후 물이 넘쳐나게 된다. 공기뿐만 아니라 물도 온도가 올라가면 부피가 불어나지만, 공기에 비하면 아주 조금밖에 불어나지 않는다. 그러므로 공기가 많이 들어 있는 병일수록 물을 높이 뿜어내게 된다.

010 정답은 ②이다. 10원짜리 동전을 튕기면 선 채로 빙글빙글 돈다. 그 동전 아래쪽에 고무 찰흙을 둥글게 붙이면 당연히 중심은 아래쪽에 있게 된다. 그런데 이 10원짜리 동전을 돌리면 이상하게도 고무 찰흙이 붙은 무거운 쪽이 위로 올라가서 회전하기 시작한다. 이것은 회전에 의해서 중심의 위치가 높아진다는 물체의 운동이 갖는 성질에 의해 일어나는 현상이다.

011 정답은 ③이다. 막대자 위에 정지해 있던 유리구슬은 그대로 밑으로 떨어지고 만다. 정지해 있던 물체는 그대로 정지해 있으려고 하는 성질이 있다. 이것을 관성의 법칙이라고 한다.

3장 수학 문제 해결력 검사 문제

1. 수학 원리를 응용한 창의성 문제

001 나열된 도형은 모두 곡선으로 되어 있어서 직선의 길이를 재는 자로는 면적이나 길이를 구할 수 없다. 그러면 어떻게 하면 될까? 여기 집에서 쓰는 실이 있다고 가정하자. 이 실을 풀어서 각 도형의 둘레에 꼭 맞게 일치시켜 보자. 그 다음 실을 잘라서 그 실의 길이를 자로 재면 어떨까? 그 실로 사각형을 만들어 면적을 계산해 보자. 도형 C, D도 마찬가지이다.

002 첫 번째 문자 A를 보고 'A가 하나' 라고 적은 것이 두 번째 줄이다. 그리고 두 번째 줄을 'A가 하나, 1이 하나' 라고 적은 것이 셋째 줄이다. 또 셋째 줄을 'A가 하나, 1이 셋' 라고 적은 것이 넷째 줄이다. 이와 같은 식으로 여섯째 줄을 읽으면 다음과 같이 나타낼 수 있다.

$$A 1 1 2 2 1 1 3 1 1 3$$

즉 'A가 하나, 1이 둘, 2가 둘, 1이 하나, 3이 하나, 1이 셋' 이라고 읽은 것을 그대로 적은 것이다.

003 노인은 자신이 몰고 가던 소 1마리를 보태서 유언장에 적혀 있는 방법대로 큰 아들에게 9마리, 둘째 아들에게 6마리, 셋째 아들에게 2마리를 나누어 주고 자기 소를 다시 돌려받는다.

004 정답은 1이다. 갈라진 각 수의 처음은 더하고 두 번째는 뺀다.

$2+3=5$, $1+4=5$, $5-5=0$, $1+3=4$, $2+1=3$, $4-3=\square$

005 정답은 6이다. 큰 수에서 작은 수를 나눈다. $24 \div 2 = 12$, $18 \div \square = 3$, $12 \div 3 = 4$

006 $(1+64) \times \dfrac{8}{2} = 65 \times 4 = 260$

007 사각 수조의 물 높이 부분을 손가락으로 집은 후, 사각 수조를 서서히 옆으로 기울여서 물이 사각 수조의 다른 한쪽과 수평이 되게 따르면, 사각 수조 속에서는 물이 $\dfrac{1}{2}$만 남게 된다. 똑같은 방법으로 한 번 더 덜어내면 사각 수조 속에 물이 $\dfrac{1}{4}$만 남게 된다.

008 정답은 5골이다.

3점슛 개수$=x$, 2점슛 개수$=13-x$

$\therefore 3x+2(13-x)=31 \qquad \therefore x=5$

009 올해 연봉은 1,400만 달러이다.

작년 연봉$=x$, 올해 연봉$=1.25x+400$만

$\therefore 1.25x+400$만$=1.75x$

$\therefore x=800$만

$\therefore 1.25 \times 800$만$+400$만$=1,400$만

010 3으로 나누어 떨어지는 수에는 규칙이 있다. 예를 들면 12의 경우 1과 2를 더하면 3이 되고 69는 15가 되니까 역시 3으로 나누어 떨어진다. 이런 식으로 하면 일일이 나눠 보지 않더라도 3의 배수를 금방 알 수 있다.

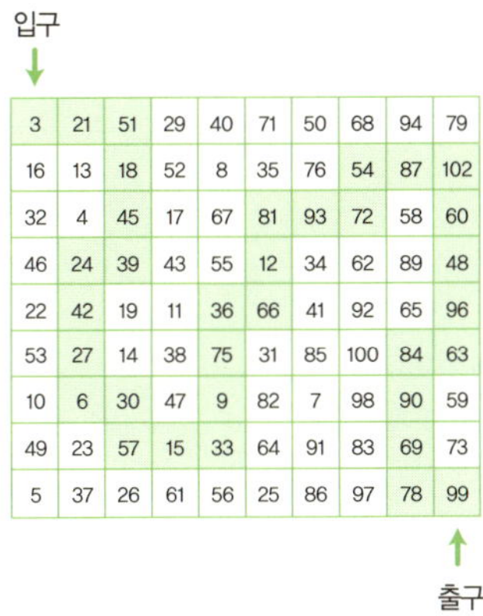

3	21	51	29	40	71	50	68	94	79
16	13	18	52	8	35	76	54	87	102
32	4	45	17	67	81	93	72	58	60
46	24	39	43	55	12	34	62	89	48
22	42	19	11	36	66	41	92	65	96
53	27	14	38	75	31	85	100	84	63
10	6	30	47	9	82	7	98	90	59
49	23	57	15	33	64	91	83	69	73
5	37	26	61	56	25	86	97	78	99

011 30분이면 마친다. 이발사 한 사람이 손님 2명 몫의 커트를 하고 또 다른 이발사가 커트와 손님 3명의 면도를 하면 된다.

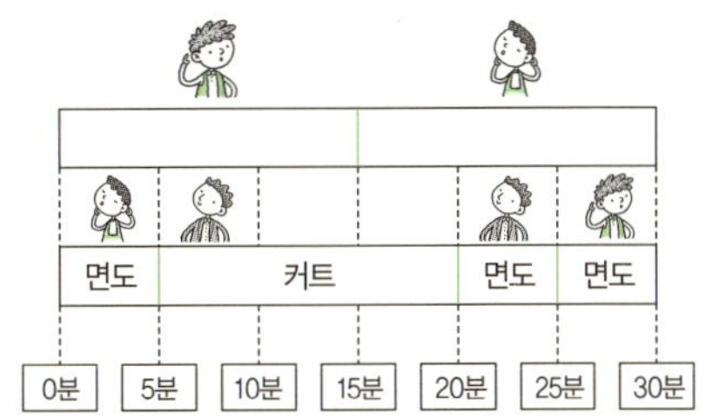

2. 수학 지식을 활용한 창의성 문제

001 정답은 7대이다.

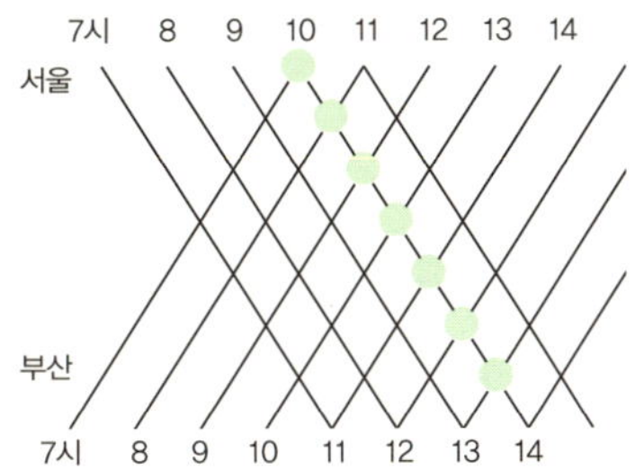

002 현재 갖고 있는 돈 : 3,500원
사고 싶은 물건의 값 : 5,500원
매주 받는 용돈 : 500원
다음주 : 4,000원
2주 후 : 4,500원
3주 후 : 5,000원
4주 후 : 5,500원
곰 인형은 4주 동안 용돈을 쓰지 않고 계속 저금해야만 살 수 있다. 따라서 영희는 세일이 끝나기 전에 곰 인형을 살 수 없다.

003 세뱃돈을 가장 많이 받은 사람은 이순이이다. 이 문제는 수식을 이용해서 풀어야 쉽게 풀 수 있다. 주어진 조건의 승패를 부등호로 표시해 보자.
삼순이+사순이=오순이×2
일순이+이순이=삼순이+사순이
이순이 〉 삼순이 〉 사순이 〉 오순이
(삼순이+사순이=오순이×2)에서 '사순이 〉 오순이' 이므로 '삼순이 〈 오순이' 이다.
또 '일순이+이순이=삼순이+사순이', '이순이 〉 사순이' 이므로 '일순이 〈 삼순이' 이다.
이를 순서대로 정리하면 '이순이 〉 사순이 〉 오순이 〉 삼순이 〉 일순이' 이다.

004 50원 〉 100원, 100원 〉 10원
10원×1개+100원×2개+50원×4개
=410원

005 $\square - (\square \times 0.2) = 40,000$
$\square$ = 할인 전 가격 = 50,000원

006 한 번에 그릇에 담아 옮긴 사과의 개수는 5개이다.
그릇에 담기는 사과의 개수=x
영희에게 줄 사과의 개수=5x−8
철수에게 줄 사과의 개수=3x+2
두 사람에게 줄 개수가 같으므로
5x−8=3x+25x, 5x−3x=2+8,
2x=10, x=5

007 오각형을 그리는 방식에 창의성이 요구된다. 예를 들면 다음과 같이 그릴 수 있다.

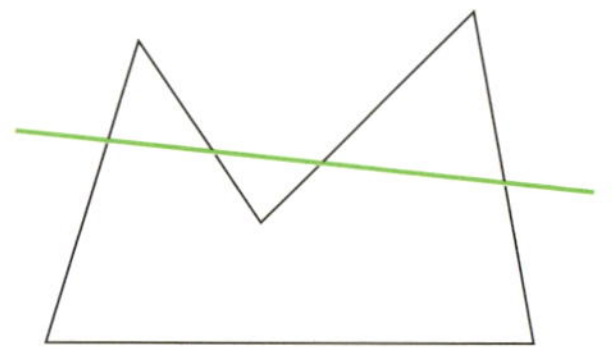

008 정답은 64이다.
- 50보다 큰 3의 배수는 51, 54, 57, 60, 63, 66, 69, 72, 75, 78이다.
- 3의 배수보다 1이 많고, 5의 배수보다 1이 적은 수는 64와 79이다.
- 이 중 짝수는 64이다.

009 6분 걸린다. 5개의 사과를 열 사람이 먹는다고 했으니 5÷10=0.5, 한 사람이 0.5개, 즉 절반의 사과를 3분에 먹었다. 사과 반 개를 먹는 데 3분이 걸렸으니 1개를 먹는 데는 6분이 걸릴 것이다.

010 다음과 같이 되를 기울이면 된다.

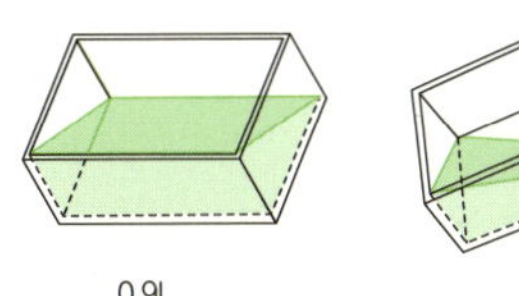

0.9L　　　　0.3L

011 1,000g인 오이의 무게 중 1%인 10g이 물 이외의 다른 물질의 무게이고 이 무게는 수분이 증발해도 변하지 않는다. 3일이 지난 후 수분은 오이 무게의 98%이므로 물 이외의 물질 10g이 3일 후 오이 무게의 2%가 된다. 따라서 오이 무게는 500g이다.

012 A 상인의 것은 1개, B 상인의 것은 2개, C 상인의 것은 3개, D 상인의 것은 4개를 골라 무게를 잰다. 만일 999g이면 A 상인이 가짜, 998g이라면 B 상인이 가짜, 997g이라면 C 상인이 가짜, 996g이라면 D 상인이 가짜를 가져온 것이다.

013 정답은 75g이다.

$$\frac{5}{100} \times 200 - \frac{0}{100} \times x = \frac{8}{100}(200-x)$$

$200 \times 5 = 8(200-x)$ ∴$x = 75g$

014 정답은 200분이다.
$(5 \times 4 \times 3) \div 0.3 = 200$

015 정답은 240m이다.
몸통을 x, 꼬리를 y라 하면,
$y = 20 + 0.5x$ $x = 0.5(x+y+40)$

∴$x = 120$, $y = 80$
따라서 몸 전체 길이＝머리(40)＋몸통(120)＋꼬리(60)＝240m
몸통 길이가 전체 몸 길이의 절반이라고 했으니 몸통 길이(120)×2로 계산해도 된다.

016 다음과 같은 순서로 물의 양을 재면 된다.

(1) 5L 용기에 물을 가득 채운다. → (2) 3L 용기에 물을 가득 따르면 2L가 남게 된다. → (3) 3L 용기를 비운다. → (4) 3L 용기에 2L 물을 부어 둔다. → (5) 다시 5L 용기에 물을 채운 다음 3L 용기에 가득 찰 때까지 붓는다. → (6) 3L 용기에는 이미 2L의 물이 들어 있기 때문에 1L 밖에 들어가지 않는다. 따라서 5L 용기에는 4L가 남게 된다.

017 이 달팽이는 결국 하루에 10cm를 올라가는 셈이다. 그렇다고 해서 30일이라고 단순하게 생각해서는 안 된다. 28일째 아침에는 270cm 올라와 있으므로 28일 낮에 하루분 30cm를 오르면 우물 끝에 다다를 수 있게 된다. 맨 위에 올라와 버리면 다시 미끄러질 일은 없으므로 이 달

팽이가 우물 밖으로 나오는 데는 28일이 걸린다.

018 그림과 같은 순서로 하면 된다.

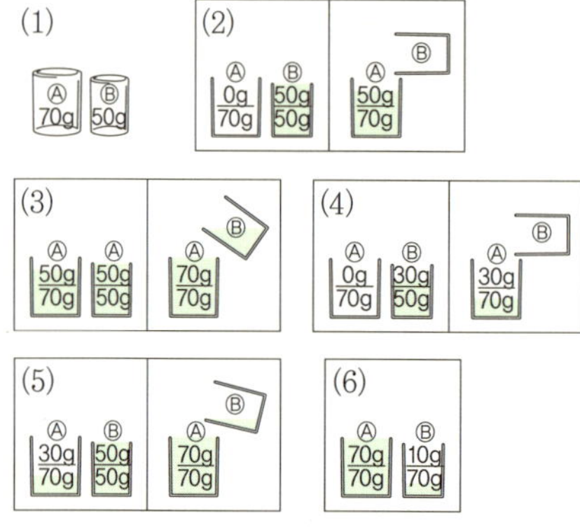

(1) 70g들이 큰 컵을 Ⓐ, 50g들이 작은 컵을 Ⓑ라고 한다.

(2) Ⓑ에 좁쌀을 가득 넣고 Ⓐ에 부으면 Ⓐ는 20g 분의 여유가 있다.

(3) 다시 Ⓑ에 좁쌀을 가득 넣어 Ⓐ가 가득 찰 때까지 넣으면 Ⓑ에 30g이 남는다.

(4) Ⓐ의 좁쌀을 버리고 Ⓑ의 좁쌀을 Ⓐ로 옮긴다. Ⓐ에는 40g의 여유가 있다.

(5) Ⓑ에 좁쌀을 가득 넣고 Ⓐ가 찰 때까지 좁쌀을 붓는다.

(6) 그러면 Ⓑ에 좁쌀이 10g만 남는다.

019 연못에 2개의 대각선을 그으면 삼각형 4개가 만들어진다. 이 삼각형들을 각각 일으켜서 연못의 바깥쪽으로 쓰러뜨리면 그림의 가장 바깥 선과 같이 되고, 그 선까지 연못을 확장하면 연못의 넓이는 2배로 되고 느티나무도 그대로 남게 된다.

3. 수학적 논리가 필요한 창의성 문제

001 조선시대에 서유구가 지은 『임원경제지』에 나온 이야기로 오늘날의 방정식과는 다른 방식으로 토끼와 닭의 마리 수를 알아냈다. 먼저 울타리 안에 있는 토끼들에게 앞발을 모두 들고 서 있게 한 후, 다리 수를 세면 30개가 된다. 전체 다리 수 40개에서 30개를 빼면 10개가 된다. 이 다리 수는 토끼의 앞 다리에 해당하는 것이다. 10개를 둘로 나누면 토끼는 5마리, 닭은 10마리임을 알 수 있다.

002 정답은 4년이다. 언뜻 생각하면 1년에 100명씩 늘어나므로 9년이 걸릴 것 같지만, 그렇지 않다. 2년째에는 500명, 3년째에는 600명이 입학한다. 그리고 4년째에는 1학년이 700명, 2학년이 600명, 3학년이 500명, 합계 1,800명이 되므로 총 900명의 정원이 증가하게 된다.

003 건너가는 시간 〈 차가 다가오는 시간

$$\frac{16m}{3.6km/h} < \frac{s}{54km/h} \qquad \therefore s > 240m$$

004 그림처럼 3개를 넣고, 다음에 오른쪽 그림처럼 3개를 더 넣으면 된다.

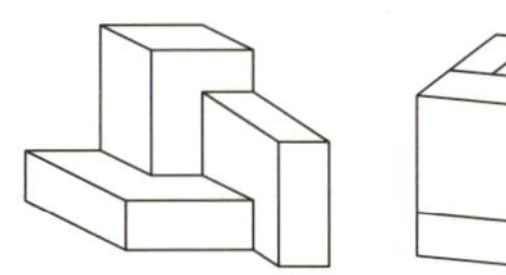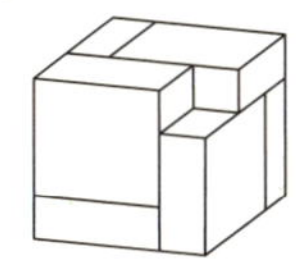

005 이 경우에는 화물 트럭을 대각선으로 해서 건너게 하면 된다. 교량과 트럭의 길이가 조금밖에 차이가 나지 않는다는 점에 해결의 실마리가 있다. 대각선은 어떤 한 변보다도 길다는 것을 이용하면 된다.

006 첫째 무더기에서 은 접시 1개를 꺼내고, 둘째 무더기에서 2개, 셋째 무더기에서는 3개…… 이런 식으로 계속해서 열 번째 무더기에서는 10개의 은 접시를 내려놓는다. 내려놓은 55개의 은 접시를 저울에 단다. 은 접시가 모두 진짜라면 550g이 되겠지만 가짜가 섞여 있으면, 무게가 더 나갈 것이다. 더 나온 g수가 가짜 은 접시 무더기의 번호이다. 즉 만약 3g이 더 나왔다면, 3개의 은 접시를 빼낸 세 번째 은 접시 무더기가 가짜 은 접시인 것이다.

007 7명이 모두 악수를 하려면 21번 해야 한다.
2명일 때 악수 1번, 3명일 때 악수 2번 (1+1), 4명일 때 악수 3번(1+2)……7명일 때 악수 21번(1+2+3+4+5+6)

008 50cm짜리가 2개, 1m짜리가 3개 만들어진다. 긴 판자를 12등분하려면 11번 톱질

을 하면 되는 것과 같이 잘린 후 물건의 수는 가위에 닿은 수보다 1개씩 더 많아진다는 사실에 주의하자. 다음과 같이 그림을 그려 보면 쉽게 알 수 있다.

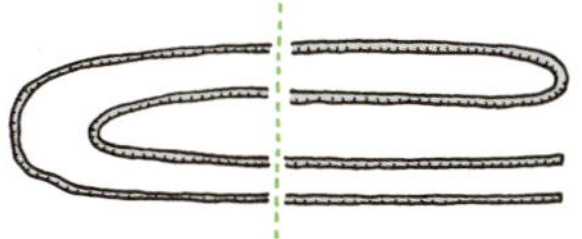

009 다음과 같은 방법이 있다.
(1) 갈아서 $\frac{1}{3}$씩 나눠 먹는다.
(2) 손에 놓인 3개를 반으로 자르고 A약에서 1개를 꺼내 반으로 나누어 먹는다. 왼편 반쪽만을 먹으면 A약 1개, B약 1개가 된다. 다음날은 오른쪽 것, 다음날은 남은 것을 먹으면 된다.

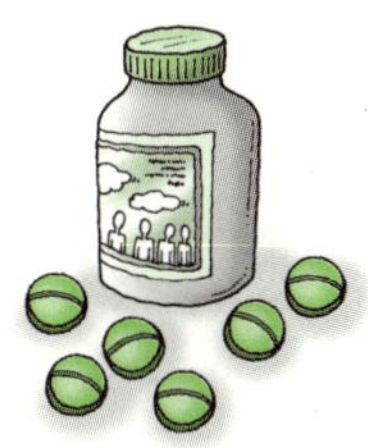

010 보통은 연립방정식을 이용해서 $x+y=100$, $3x+\frac{1}{3}y=100$이라는 공식으로 풀 것이다. 그러나 이 문제는 조선 후기 실학자인 황윤석의 수학서 『이수신편』에 있는 '난법가'에 실린 문제로, 난법가에서는 이를 다음과 같이 푼다.
큰 스님 1명과 작은 스님 3명을 묶는다. 그러면 큰 스님 1명과 작은 스님 3명당

만두 4개가 돌아간다. 즉 스님 4명이 만
두 4개에 대응하게 된다. 그리고 100을
4로 나눈 25에 3을 곱하면(작은 스님 3
명당 만두 1개니까) 75가 된다. 그러므로
작은 스님은 75명, 큰 스님은 25명이다.

011 여행 코스 : B → F → E
최단거리 : 1,050km

012 서쪽에서 보고 그린 측면도이다.